幽 梦 影

YOUMENG YING

〔清〕张　潮◎著

光明日报出版社

图书在版编目（CIP）数据

　　幽梦影/（清）张潮著 . -- 北京：光明日报出版社，
2014.5（2024.3 重印）
　　（光明岛）
　　ISBN 978-7-5112-6304-9

　　Ⅰ.①幽… Ⅱ.①张… Ⅲ.①人生哲学—中国—清代
Ⅳ.① B825

　　中国版本图书馆 CIP 数据核字（2014）第 069529 号

幽梦影
YOUMENG YING

著　　者：〔清〕张　潮

责任编辑：李　倩　　　　　　　　　责任校对：王腾达
封面设计：博文斯创　　　　　　　　责任印制：曹　净

出版发行：光明日报出版社
地　　址：北京市西城区永安路 106 号，100050
电　　话：010-67022197（咨询），67078870（发行），67019571（邮购）
传　　真：010-67078227，67078255
网　　址：http://book.gmw.cn
E - mail：lijuan@gmw.cn
法律顾问：北京德恒律师事务所龚柳方律师

印　　刷：北京一鑫印务有限责任公司
装　　订：北京一鑫印务有限责任公司
本书如有破损、缺页、装订错误，请与本社联系调换，电话：010-67019571

开　　本：150mm×220mm　　　　　　印　　张：12
字　　数：150 千字
版　　次：2014 年 5 月第 1 版
印　　次：2024 年 3 月第 4 次印刷
书　　号：ISBN 978-7-5112-6304-9

定　　价：29.80 元

目　　录

幽梦影

附　录

幽梦影

幽
梦
影

四季读

读经宜冬,其神专也;读史宜夏,其时久也;读诸子宜秋,其致别也;读诸集宜春,其机畅也。

【评语】

曹秋岳曰:"可想见其南面百城^①时。"

庞笔奴曰:"读《幽梦影》,则春夏秋冬无时不宜。"

【注释】

① 南面百城:原指统治者权大地广,这里指藏书丰富。南面,古代认为面朝南为尊位;百城,地域广阔。

【译文】

经书适合在冬季阅读,万籁俱寂,思想专一;史书适合在夏季阅读,昼长夜短,可以慢慢品味;诸子百家著作适合在秋季阅读,秋高气爽,别有一番情致;文艺杂著适合在春季阅读,万物生长,思路畅通。

【评语译文】

曹秋岳说:"由此看来其藏书很丰富。"

庞笔奴说:"读《幽梦影》,春夏秋冬都很适宜,不分时令。"

独读与共读

经传宜独坐读,史鉴宜与友共读。

【评语】

孙恺似曰:"深得此中真趣,固难为不知者道。"

王景州曰:"如无好友,即红友^①亦可。"

幽梦影

【注释】

① 红友：即酒。

【译文】

儒家经典适宜独自静坐研读，思想专一；史籍适宜与朋友共同研读探讨。

【评语译文】

孙恺似说："此言深得读书的趣味，所以很难为那些不善于读书的人谈论。"

王景州说："如果没有好友，那么饮酒读史也有一番情趣。"

无善无恶是圣人

无善无恶是圣人（如"帝力何有于我①""杀之而不怨，利之而不庸②""以直③报怨，以德报德""一介④不与，一介不取"之类），善多恶少是贤者（如"颜子不贰过⑤""有不善⑥未尝不知""子路，人告有过，则喜⑦"之类），善少恶多是庸人，有恶无善是小人（其偶为善处，亦必有所为），有善无恶是仙佛（其所谓善，亦非吾儒之所谓善也）。

【评语】

黄九烟曰："今人一介不与者甚多。普天之下皆半边圣人也。利之不庸者亦复不少。"

江含征曰："先恶后善是回头人，先善后恶是两截人。"

殷日戒曰："貌善而心恶者是奸人，亦当分别。"

冒青若曰："昔人云：'善可为而不可为。'唐解元⑧诗云：'善亦懒为何况恶。'当于有无多少中，更进一层。"

【注释】

① 帝力何有于我：《击壤歌》中相传唐尧时有老人击壤而歌："吾日出而作，日入而息。凿井而饮，耕田而食。帝力何有于我哉？"②庸：

酬功。③ 直:公平正直。④ 一介:指轻微的东西。介,通"芥",草芥。
⑤ 颜子不贰过:《论语·雍也》记载:"有颜回者好学,不迁怒,不贰过。"
⑥ 不善:指过失。⑦ "子路"句:《孟子·公孙丑上》记载:"子路,人告
之以有过,则喜。"⑧ 唐解元:唐寅,明代画家、文学家。字伯虎,一字子畏,
号六如居士、梅花庵主等。吴(今江苏吴县)人。

【译文】

没有美好行为也没有罪恶的是圣人(像"帝王的力量对我有什么用
呢""民众被杀也不知道怨恨,享受到好处也不以为是功德""以公平正
直的态度对待怨恨,用恩德报答恩德""细微的东西不给予别人,细微的
东西不向别人索取"之类),行善多罪恶少的是贤人(像"颜回已犯过的错
误就不再犯""有过失的地方没有不察觉的""子路,有人告诉他错误就
高兴"之类),行善少罪恶多的是庸人,只有罪恶没有善行的是小人(这种
人偶然做一次好事,也必然有所图谋),有善行没有罪恶的是神仙(他们所
行的善事,并不是我们儒家所说的仁义德治的境界)。

【评语译文】

黄九烟说:"现在能做到细微的东西不给予别人的人很多,细微的东
西不索求的人却没有,因此,普天之下都是半个圣人了。给别人好处而
不求回报的人也不少。"

江含征说:"开始作恶多端后来积德行善的是回头人,开始积德行善
后来作恶多端的是品行不一的人。"

殷日戒说:"外貌善良而心肠歹毒的是奸诈的人,应当分辨清楚。"

冒青若说:"古人说:'善行有可以做和不可以做两种境界。'唐寅诗
中说:'到了大家都懒得行善的时候,谁还会去作恶呢!'这只是对行善
多少而言,这里说的是更高一层的境界。"

天下有一物知己,亦可免恨

天下有一人知己,可以不恨。不独人也,物亦有之。如菊以
渊明^①为知己,梅以和靖^②为知己,竹以子猷^③为知己,莲以濂

幽梦影

溪④为知己，桃以避秦人⑤为知己，杏以董奉⑥为知己，石以米颠⑦为知己，荔枝以太真⑧为知己，茶以卢仝、陆羽⑨为知己，香草以灵均⑩为知己，莼鲈以季鹰⑪为知己，蕉以怀素⑫为知己，瓜以邵平⑬为知己，鸡以处宗⑭为知己，鹅以右军⑮为知己，鼓以祢衡⑯为知己，琵琶以明妃⑰为知己。一与之订，千秋不移。若松之于秦始⑱，鹤之于卫懿⑲，正所谓不可与作缘⑳者也。

【评语】

查二瞻曰："此非松、鹤有求于秦始、卫懿，不幸为其所近，欲避之而不能耳。"

殷日戒曰："二君究非知松、鹤者，然亦无损其为松、鹤。"

周星远曰："鹤于卫懿犹当感恩，至吕政㉑五大夫之爵，直是唐突十八公㉒耳。"

王名友曰："松遇封、鹤乘轩，还是知己。世间尚有劚㉓松煮鹤者，此又秦、卫之罪人也。"

张竹坡曰："人中无知己而下求于物，是物幸而人不幸矣；物不遇知己而滥用于人，是人快而物不快矣。可见知己之难，知其难，方能知其乐。"

【注释】

①渊明：即陶渊明，一名潜，字元亮，浔阳柴桑（今江西九江）人。东晋诗人，喜好写与菊相关的诗。②和靖：即林逋，字君复，钱塘（今浙江杭州）人。北宋诗人。在西湖孤山隐居，赏梅养鹤，一生不仕不娶，被人们称为"梅妻鹤子"。卒谥和靖先生。③子猷：即王徽之，字子猷，东晋琅邪临沂（今属山东）人。王羲之之子。性情豪爽不羁，喜爱竹子。④濂溪：即周敦颐，字茂叔，道州营道（今湖南道县）人。北宋哲学家。他的《爱莲说》广为传颂。⑤避秦人：指陶渊明《桃花源记》中的桃花源中的人。⑥董奉：三国吴侯官（今福建福州）人。善医道。为人治病，不收钱财，病愈之后，使其栽杏树，数年之后，蔚然成林。⑦米颠：即米芾，初名黻，字元章，北宋书画家。因举止癫狂，与世俗不同，人称米颠。他喜爱收藏

金石古器，尤其嗜好奇石，有元章拜石的说法。⑧ 太真：即唐杨贵妃，字玉环。喜欢吃荔枝。⑨ 卢仝：自号玉川子，范阳(今河北涿州)人。唐代诗人。喜好茶道，被后人称为"茶仙"。陆羽：字鸿渐，复州竟陵(今湖北天门)人。唐代学者。对茶道非常有研究，撰有《茶经》，被称为"茶神"。⑩ 灵均：即屈原，字灵均，战国时期楚国人。伟大的爱国主义诗人，骚体诗的创始者。他在诗中大量用香草比兴，象征不与世俗同流合污，追求纯洁高尚的情操。⑪ 季鹰：即张翰，字季鹰，吴(今江苏吴县)人。西晋文学家。齐王司马同时为大司马东曹掾。后知同将败，托辞想念故乡莼菜、莼羹、鲈鱼脍，辞官回乡。⑫ 怀素：唐代僧人，书法家，他以蕉叶代纸练字，狂草最有名。⑬ 邵平：即召平。秦之东陵侯。秦亡后隐居在长安城东，以种瓜为业。他所种的瓜又大又甜，人称"召平瓜"，又谓"东陵瓜"。后用来指安贫隐居。⑭ 处宗：晋人宋处宗。相传他养有一只鸡，能说人话，并能与他谈论，极有言智，终日不停，处宗因此言巧大进。⑮ 右军：即东晋著名书法家王羲之。官至右军将军，人称王右军。喜好养鹅。⑯ 祢衡：字正平，平原般(今山东临邑东北)人。汉末文学家。他非常有才华，但性格刚直傲慢。曹操召为鼓史，大会宾客，想当众羞辱他。结果祢衡裸身击鼓，面不改色，曹操反受其辱。⑰ 明妃：王昭君，名嫱，西汉南郡秭归(今属湖北)人。汉元帝时宫人。于竟宁元年(公元前33年)被遣嫁匈奴呼韩邪单于，以结和亲。相传她在匈奴，常弹琵琶以寄怨。⑱ 秦始：秦始皇，姓嬴名政，秦朝创始人。《史记·秦始皇本纪》载，二十八年，始皇"上泰山，立石，封，祠祀。下，风雨暴至，休于树下，因封其树为五大夫"。⑲ 卫懿：春秋卫国国君卫懿公。喜好养鹤。⑳ 不可与作缘：不能与他们结交。㉑ 吕政：指秦始皇。据传秦始皇是吕不韦之子，故称。㉒ 十八公：指松树。㉓ 劚(zhǔ)：砍、斫。

【译文】

　　天下间有一个人作为自己的知己，就没有遗憾了。不仅人是这样，万物也是这样。比如菊花把陶渊明当作知己，梅花把林逋当作知己，竹子把王徽之当作知己，莲花把周敦颐当作知己，桃花把躲避秦朝的人当作知己，杏花把董奉当作知己，奇石把米芾当作知己，荔枝把杨贵妃当作知己，茶把卢仝、陆羽当作知己，香草把屈原当作知己，莼羹、鲈鱼把张翰当作知己，芭蕉把怀素当作知己，瓜把召平当作知己，鸡将处宗当作知己，鹅把王羲之当作知己，鼓把祢衡当作知己，琵琶把王昭君当作知己。他们如果与心爱之物结缘，就终生不会改变了。而像秦始皇在泰山封禅松树、卫懿公喜好鹤一同车乘之类，正是人们所说的不能与他们结交的例子。

【评语译文】

查二瞻说："这并不是松树和鹤要求秦始皇、卫懿公这样做，而是他们不幸被亲近，想躲避也躲避不了。"

殷日戒说："秦始皇和卫懿公终究是不了解松树、鹤品格的人，但松树和鹤也没有因他们的亲近名声受到损害。"

周星远说："鹤应当感恩于卫懿公，至于秦始皇封禅松树为'五大夫'的官位，简直是冒犯了松树。"

王名友说："松树能够封官、鹤能够乘车，这还可以称作是知己。世上有砍伐松树、烹杀鹤的人，这就是与秦始皇和卫懿公作对的人了。"

张竹坡说："在人中没有知己，于是退而求其次寻求于物中，这是物的幸运而人的不幸；在物中寻求不到知己，转而在人的身上泛滥感情，这是人快乐而物不快乐。由此可见寻求知己很艰难，理解知己的更难得，才能体会到友情带来的乐趣。"

为月忧云

为月忧云，为书忧蠹，为花忧风雨，为才子佳人忧命薄，真是菩萨心肠。

【评语】

余淡心曰："洵如君言，亦安有乐时耶？"
孙松坪曰："所谓'君子有终身之忧'者耶。"
黄交三曰："'为才子佳人忧命薄'一语真令人泪湿青衫。"
张竹坡曰："第四忧恐命薄者消受不起。"

江含征曰："我读此书时，不免为蟹忧雾。"

竹坡又曰："江子①此言，直是为自己忧蟹耳。"

尤悔庵曰："杞人忧天，嫠妇忧国②，无乃类是。"

【注释】

① 江子：指江含征。② 嫠（lí）妇忧国：寡妇不顾虑她的纺纱而担忧国家社稷的兴亡，后用来比喻忘私怀国。

【译文】

担心月亮被云儿遮住，担心书籍被虫儿蛀蚀，担心花朵被风雨摧残，担心才子佳人英年早逝，这真是一副菩萨心肠啊！

【评语译文】

余淡心说："就像你所说的，哪里有快乐的时候！"

孙松坪说："这是所谓的'君子终身都要有所忧虑'的人吧。"

黄交三说："'担心才子佳人英年早逝'这句话，真让人泪流满面沾湿衣衫。"

张竹坡说："第四担忧恐怕真正命薄的人享受不了。"

江含征说："我读这本书时，免不了担忧大雾欺凌螃蟹。"

竹坡又说："江含征这句话，只是替自己担忧享受不了这么多的螃蟹。"

尤悔庵说："杞人忧天、寡妇忧国，就属于这一类。"

春听鸟声

春听鸟声，夏听蝉声，秋听虫声，冬听雪声，白昼听棋声，月下听箫声，山中听松风声，水际听欸乃①声，方不虚生此耳。若恶少斥辱、悍妻诟谇②，真不若耳聋也。

【评语】

黄仙裳曰："此诸种声颇易得，在人能领略耳。"

朱菊山曰："山老③所居，乃城市、山林，故其言如此。若我辈日在广陵^④城市中,求一鸟声,不啻如凤凰之鸣,顾可易言耶?"

释中洲曰:"昔文殊选二十五位圆通^⑤,以普门耳根^⑥为第一。今心斋居士耳根不减普门,吾他日选圆通,自当以心斋为第一矣。"

张竹坡曰:"久客者欲听儿辈读书声,了不可得。"

张迂庵曰:"可见对恶少、悍妻,尚不若日与禽虫周旋也。"又曰:"读此方知先生耳聋之妙。"

【注释】

① 欸乃:摇橹的声音。② 诟谇(suì):辱骂斥责。③ 山老:指张潮,字山来,号心斋,时人称心斋居士。④ 广陵:指江苏扬州。⑤ 圆通:佛教语。圆,没有偏倚;通,没有阻碍。⑥ 普门:佛教语,谓普摄一切众生的广大圆融的法门。耳根:佛教语中眼、耳、鼻、舌、身、意为六根,耳根为六根之一。

【译文】

春天听小鸟鸣叫,夏天听蝉儿长鸣,秋天夜间听小虫低吟,冬天听雪花簌簌,白天听棋子碰撞的清脆声,月光下听悠扬的箫声,在山中听松涛阵阵,在江边听船橹咿呀。这才不白生这副耳朵。如果整日听到无理的叫骂声、泼妇刁蛮的责骂声,真不如耳聋了更好。

【评语译文】

黄仙裳说:"这几种声音很容易听到,人们也能够享受其中。"

朱菊山说:"张老先生住在城市或山林,所以他才这样说。像我们这些人每天待在扬州城中,如果能听到一声鸟叫,就像听到凤凰的叫声一样,哪里还能说容易听到。"

释中洲说:"当年文殊菩萨评判二十五位大士的觉悟法性,以观世音菩萨耳根圆通为第一。现在心斋居士的耳根这么多佛法妙语,毫不比观世音的论述差,如果有一天再选圆通的论述,那就要把心斋当作是第一了。"

张竹坡说:"常年客居他乡的人,特别想听儿孙辈的读书声,这是完全不可能的事。"

张迁庵说:"由此看来每天面对恶少、泼妇,还不如每天与鸟虫做伴。"
又说:"读到这篇文章才知道张老先生耳聋的妙处。"

因时择酒友

上元须酌豪友,端午须酌丽友,七夕须酌韵友,中秋须酌淡友,重九须酌逸友。

【评语】

朱菊山曰:"我于诸友中当何属耶?"

王武征曰:"君①当在豪与韵之间耳。"

王名友曰:"维扬②丽友多,豪友少,韵友更少,至于淡友、逸友则削迹矣。"

张竹坡曰:"诸友易得,发心酌之者为难能耳。"

顾天石曰:"除夕须酌不得意之友。"

徐砚谷曰:"惟我则无时不可酌耳。"

尤谨庸曰:"上元酌灯,端午酌彩丝③,七夕酌双星④,中秋酌月,重九酌菊,则吾友俱备矣。"

【注释】

①君:指上文朱菊山。②维扬:古代指扬州。③彩丝:古代端午节系在脖子上的彩色丝带。④双星:指牛郎星和织女星。

【译文】

元宵节应当与性格爽快的朋友饮酒,端午节应当与清丽脱俗的朋友饮酒,七夕应当与风雅韵致的朋友饮酒,中秋节应当与淡泊宁静的朋友饮酒,重阳节应当与俊逸潇洒的朋友饮酒。

【评语译文】

朱菊山说:"我在这几种朋友中属于哪一类呢?"

王武征说:"你应当在性格爽快和风雅韵致之间。"

王名友说："扬州清丽脱俗的朋友多,性格爽快的朋友少,风雅韵致的朋友更少,而淡泊宁静、俊逸潇洒的朋友就销声匿迹了。"

张竹坡说："这几种朋友很容易得到,而真正发自内心、肝胆相照的朋友却很难得。"

顾天石说："除夕应当与不得志的朋友饮酒。"

徐砚谷说："只有我什么时候都可以饮酒。"

尤谨庸说："元宵节赏灯饮酒,端午节对着彩色丝带饮酒,中秋节和月亮饮酒,重阳节和菊花饮酒,那么我各种各样的朋友就都有了。"

金鱼紫燕,物类神仙

鳞虫中金鱼,羽虫中紫燕①,可云物类神仙。正如东方曼倩②避世金马门,人不得而害之。

【评语】

江含征曰："金鱼之所以免汤镬③者,以其色胜而味苦耳。昔人有以重价觅奇特者,以馈邑侯。邑侯他日谓之曰:'贤所赠花鱼,殊无味。'盖已烹之矣。世岂少削圆方竹④杖者哉?"

【注释】

① 紫燕:一种燕子,多在屋檐下筑窝。② 东方曼倩:东方朔,字曼倩,平原厌次(今山东陵城东北)人。西汉文学家,武帝时,待诏金马门,退出官场。③ 汤镬(huò):大锅。④ 方竹:一种外形微方,质地坚硬的竹子。古人多用来制作手杖,称方竹杖。

【译文】

鱼类中的金鱼,飞禽中的紫燕,可以称为是动物中的神仙。就像东方朔待诏金马门,避世退出官场,人们不能伤害他一样。

【评语译文】

江含征说："金鱼能不被人烹煮,是因为它适于观赏而肉味苦涩。从前有人高价购买奇珍异品,把它当作礼物送给官员。有一天,官员对他说:

'你赠送的金鱼没有味道。'大概他已经把它烹煮了。世上哪能少了这些把方竹杖削圆的人呀!"

入世与出世

入世须学东方曼倩,出世须学佛印了元①。

【评语】

江含征曰:"武帝高明喜杀,而曼倩能免于死者,亦全赖吃了长生酒耳。"

殷日戒曰:"曼倩诗有云,'依隐玩世,诡时不逢',此其所以免死也。"

石天外曰:"入得世然后出得世,入世出世打成一片,方有得心应手处。"

【注释】

① 佛印了元:宋代高僧。名了元,号佛印,字觉老。曾住持庐山归宗寺等著名寺院,善于写诗。

【译文】

做官要向东方朔学习,功成名就,全身而退;出家要向佛印了元学习,看破红尘,摆脱尘世喧嚣。

【评语译文】

江含征说:"汉武帝英明治国却喜爱武力杀伐。东方朔之所以能免除杀害,全靠喝了长生酒罢了。"

殷日戒说:"东方朔的诗中说,'依靠圆滑处世,不遭遇危险',这就是他不被杀害的原因。"

石天外说:"能够入得庙堂出得江湖,只有将入世与出世两种人生境界自然融合,才能事事得心应手。"

赏花·醉月·映雪

赏花宜对佳人,醉月宜对韵人,映雪宜对高人。

【评语】

余淡心曰:"花即佳人,月即韵人,雪即高人。既已赏花、醉月、映雪,即与对佳人、韵人、高人无异也。"

江含征曰:"'若对此君①仍大嚼,世间那有扬州鹤②。'"

张竹坡曰:"聚花、月、雪于一时,合佳、韵、高为一人,吾当不赏而心醉矣。"

【注释】

①此君:指竹子。②扬州鹤:比喻欲望太多。

【译文】

赏花时应当美丽俏佳人相伴,赏月时应当风雅韵致的人相伴,赏雪时应当超然脱俗的人相伴。

【评语译文】

余淡心说:"花就是美丽俊俏的人,月就是风雅韵致的人,雪就是超然脱俗的人。既然已经赏花、赏月、赏雪,那就同美丽俊俏的人、风雅韵致的人、超然脱俗的人相见没有差别了。"

江含征说:"如果对竹子言行粗俗不堪,那么世间哪还会有这么多的欲望。"

张竹坡说:"如果把花、月、雪放于同一个景致中,把美丽俊俏、风雅韵致、超然脱俗集中在一个人的身上,恐怕我不用观赏就已经陶醉了。"

读书与择友

对渊博友如读异书①,对风雅友如读名人诗文,对谨饬②友如读圣贤经传,对滑稽友如阅传奇小说。

李圣许曰:"读这几种书,亦如对这几种友。"

张竹坡曰:"善于读书取友之言。"

【注释】

① 异书:珍贵或稀有的书籍。② 谨饬(chì):谨慎。

【译文】

和学识渊博的朋友在一起就像读一本珍贵的书,和风度高雅的朋友在一起就像读名人的诗文,和谨言慎行的朋友在一起就像读先贤的圣言,和诙谐趣味的朋友在一起就像读传奇小说。

【评语译文】

李圣许说:"读这几种书籍,就好像和这几种好朋友在一起。"

张竹坡说:"这是善于读书和选择朋友之人的言谈。"

楷书须如文人

楷书须如文人,草书须如名将,行书介乎二者之间,如羊叔子①缓带轻裘,正是佳处。

【评语】

程鳌老曰:"心斋不工书法,乃解作此语耶!"

张竹坡曰:"所以羲之必做右将军。"

【注释】

① 羊叔子:羊祜,字叔子,西晋大臣。他"在军常轻裘缓带,身不披甲",拥有儒将的风度。

【译文】

楷书就像做文章的文人雅士,品格高尚,一丝不苟;草书就像驰骋沙场的名将,雄姿勃发,无往不利;而行书处于两者之间,既沉稳又不失风

幽梦影

采,就像羊祜在威严的军营轻裘缓带,风度翩翩,正是恰到好处。

【评语译文】

程鲆老说:"张先生不善于书法,仍然能说出这样发人深省的话来。"

张竹坡说:"因此王羲之一定要做右将军了。"

入诗与入画

人须求可入诗,物须求可入画。

【评语】

龚半千曰:"物之不可入画者,猪也、阿堵物① 也、恶少年也。"

张竹坡曰:"诗亦求可见得人,画亦求可像个物。"

石天外曰:"人须求可入画,物须求可入诗,亦妙。"

【注释】

① 阿堵物:指钱财。

【译文】

人们希望成为诗人吟咏的对象,事物希望成为画家描绘的形态。

【评语译文】

龚半千说:"事物不能成为画家作画的有猪、钱、品行恶劣的年轻人。"

张竹坡说:"诗也希望能够得人赏识,画也希望有个形态。"

石天外说:"人应当追求成为画家描绘的对象,物应当追求富于美好的诗意,这也是件很妙的事!"

少年人和老年人

少年人须有老成① 之识见,老成人须有少年之襟怀。

【评语】

江含征曰:"今之钟鸣漏尽② 白发盈头者,若多收几斛麦,便欲置侧室,岂非有少年襟怀耶? 独是少年老成者少耳。"

张竹坡曰:"十七八岁便有妾,亦居然少年老成。"

李若金曰:"老而腐板③,定非豪杰。"

王司直曰:"如此方不使岁月弄人。"

【注释】

① 老成:指老年人。也指阅历丰富而稳重的人。② 钟鸣漏尽:指深夜。这里指人到暮年。③ 腐板:迂腐刻板。

【译文】

年轻人应当有老年人的丰富学识,沉稳老练,老年人应当有年轻人的意气风发,坦荡胸怀。

【评语译文】

江含征说:"现在有些人到暮年,银发白头的老人,如果多收几斛麦子,有点儿钱就想娶年轻的小妾,哪里有年轻人的胸怀? 只是年轻又沉稳老练、有丰富学识的人太少了。"

张竹坡说:"十七八岁的年轻人便有了妾室,这也居然算是少年老成!"

李若金说:"年纪大又思想迂腐的人,一定不是人中豪杰。"

王司直说:"像这样年轻又沉稳老练、年老又不缺率直朝气,才算没有虚度光阴。"

春者,天之本怀

春者,天之本怀;秋者,天之别调。

【评语】

石天外曰:"此是透彻性命关头语。"

袁江中曰:"得春气者,人之本怀;得秋气者,人之别调。"

尤悔庵曰:"夏者,天之客气;冬者,天之素风。"

陆云士曰:"和神①当春,清节②为秋,天在人中矣。"

① 和神：谦虚祥和的神气。② 清节：纯洁高尚的节操。

【译文】

春天，生机盎然，是大自然原本的情怀；秋天，硕果累累，又是大自然的另一种情调。

【评语译文】

石天外说："这是彻底明白宇宙万物的精妙语言。"

袁江中说："拥有春天的气质是人的原本情怀；拥有秋的气质是人的另一种情调。"

尤悔庵说："夏天，上天有虚骄之气；冬天，上天有质朴的风格。"

陆云士说："谦虚祥和的神气就像春天一样，纯洁高尚的节操就像秋天一样，上天的品质在人中体现出来。"

若无翰墨棋酒，不必定作人身

昔人云："若无花月美人，不愿生此世界。"予益一语云："若无翰墨棋酒，不必定作人身。"

【评语】

殷日戒曰："枉为人身生在世界者，急宜猛省。"

顾天石曰："海外诸国，决无翰墨棋酒，即有，亦不与吾同，一般有人，何也？"

胡会来曰："若无豪杰文人，亦不须要此世界。"

【译文】

古人说："如果没有鲜花、月色、美人，就不愿在这个世界上活着了。"我也说上一句："如果没有文章、棋、酒，就没有必要成为一个人了。"

【评语译文】

殷日戒说："平白作为一个人活在世上而没有作为，应当快点儿有所觉悟。"

顾天石说："在海外的诸多国家中，肯定没有文章、棋、酒，即使有，也不跟我们国家的一样，但同样有人存在，为什么？"

胡会来说："假如没有才能出众的英雄和能写文章的读书人，就不必要有这个世界。"

愿在木而为樗

愿在木而为樗①（不才终其天年），愿在草而为蓍②（前知），愿在鸟而为鸥③（忘机），愿在兽而为廌④（触邪），愿在虫而为蝶（花间栩栩），愿在鱼而为鲲⑤（逍遥游）。

【评语】

吴园次曰："较之《闲情》一赋，所愿更自不同。"

郑破水曰："我愿生生世世为顽石。"

尤悔庵曰："第一大愿。"又曰："愿在人而为梦。"

尤慧珠曰："我亦有大愿，愿在梦而为影。"

弟木山曰："前四愿皆是相反，盖前知则必多才，忘机则不能触邪也。"

【注释】

① 樗（chū）：臭椿树。比喻才能低下，多用作自谦之词。② 蓍（shī）：蓍草。古代用来占卜。③ 鸥：水鸟名。鸥鹭忘机，指没有心机的人，异类也会和其相亲。后指隐居自乐，不以世事为怀。④ 廌（zhì）：通豸。同解豸、獬豸。传说中的神兽名。⑤ 鲲：传说中的大鱼。

【译文】

在树木里愿做臭椿树（因为它不被人们使用能够活得长久）；在草本植物里愿做蓍草（因为它能够未卜先知）；在鸟类里愿做鸥鸟（因为它能没有心机，快乐地生活）；在兽类里愿做獬豸（因为它是非分明，惩治邪恶之人）；在昆虫里愿做只蝴蝶（因为它能在花间翩翩起舞）；在鱼类里愿做鲲（因为它能化作鹏鸟，自由翱翔）。

吴园次说："这些愿望与《闲情》赋比较，所期望的就更不一样了。"

郑破水说："我愿意生生世世成为顽石。"

尤悔庵说："这些都是最大的愿望。"又说："作为人愿意沉浸在梦乡。"

尤慧珠说："我也有一个最大的愿望，在梦中愿意成为影子。"

弟木山说："前边四种愿望说的都是相反的，如果能够未卜先知必然也是有才之人，如果真的没有心机，又怎么能够分得清是非而辨察不正之人呢。"

三　余

古人以冬为三余①，予谓当以夏为三余。晨起者夜之余，夜坐者昼之余，午睡者应酬人事之余。古人诗云："我爱夏日长。"洵不诬也。

【评语】

张竹坡曰："眼前问冬夏皆有余者能几人乎？"

张迂庵曰："此当是先生辛未年以前语。"

【注释】

① 三余：泛指空闲时间。

【译文】

古人把冬天作为三种读书的空闲时间之一，我说应该把夏天作为三种读书的空闲时间之一。早起的人夜间有空闲，熬夜的人白天有空闲，午睡的人应酬完别人有空闲。古人有诗说"我喜欢夏天昼长夜短"，这话不假呀。

【评语译文】

张竹坡说："问问现在冬天、夏天都有空闲的人有几个呢？"

张迂庵说："这应当是张先生在辛未年以前说的话。"

幽梦影

庄周梦为蝴蝶，庄周之幸也

庄周梦为蝴蝶，庄周之幸也；蝴蝶梦为庄周，蝴蝶之不幸也。

【评语】

黄九烟曰："惟庄周乃能梦为蝴蝶，惟蝴蝶乃能梦为庄周耳。若世之扰扰红尘者，其能有此等梦乎？"

孙恺似曰："君于梦之中又占其梦耶？"

江含征曰："周之喜梦为蝴蝶者，以其入花深也。若梦甫酣而乍醒，则又如嗜酒者梦赴席而为妻惊醒，不得不痛加诟谇矣。"

张竹坡曰："我何不幸而为蝴蝶之梦者？"

【译文】

庄周梦见自己变成了蝴蝶，是庄周的幸运；蝴蝶梦见自己变成了庄周，是蝴蝶的不幸。

【评语译文】

黄九烟说："只有庄周才能梦见自己变成蝴蝶；也只有蝴蝶能梦见自己变成庄周。如果是那些受凡尘琐事困扰的人，哪能做这样的梦？"

孙恺似说："张先生是在做梦中梦吧？"

江含征说："庄周在梦中变成蝴蝶感到很高兴，是因为他喜欢去花丛深处。如果正在做美梦却突然惊醒，或者贪酒的人正在梦中赶着参加宴会，却突然被妻子惊醒，一定会非常恼火责骂妻子。"

张竹坡说："我为什么这么不幸，不能梦见自己变成蝴蝶呢？"

艺花可以邀蝶

艺花可以邀蝶，累石可以邀云，栽松可以邀风，贮水可以邀萍，筑台可以邀月，种蕉可以邀雨，植柳可以邀蝉。

曹秋岳曰："藏书可以邀友。"

崔莲峰曰："酿酒可以邀我。"

尤艮斋曰："安得此贤主人？"

尤慧珠曰："贤主人非心斋而谁乎？"

倪永清曰："选诗可以邀谤。"

陆云士曰："积德可以邀天，力耕可以邀地。乃无意相邀而若邀之者，与邀名邀利者迥异。"

庞天池曰："不仁可以邀富。"

【译文】

种植花草可以引来蝴蝶飞舞，堆砌山石可以引来云朵逗留，栽种松树可以换来风声阵阵，蓄满池水可以滋生浮萍，修筑高台可以欣赏明月，种植芭蕉可以听到雨点滴答，种植柳树可以让蝉儿隐匿其中。

【评语译文】

曹秋岳说："收藏书籍可以邀请到文人雅士。"

崔莲峰说："酿造美酒可以邀请我。"

尤艮斋说："哪里能遇到这样贤惠的主人？"

尤慧珠说："贤惠的主人不是张先生又会是谁呢？"

倪永清说："选编诗集容易遭人毁谤。"

陆云士说："积累功德能够受到上天的福泽，努力耕作能够得到土地的恩赐。这些没有邀请就得到的，与那些追逐名利的人完全不同。"

庞天池说："没有仁爱之心的人能够得到财富。"

景有言之极幽而实萧索者，烟雨也

景有言之极幽而实萧索者，烟雨也；境有言之极雅而实难堪者，贫病也；声有言之极韵而实粗鄙者，卖花声也。

【评语】

谢海翁曰："物有言之极俗而实可爱者,阿堵物也。"

张竹坡曰："我幸得极雅之境。"

【译文】

有的景致有人说它清幽雅致,实际上却缺乏生机,那就是烟雨朦胧;有人说境遇极其雅致,实际上却难以忍受,那就是贫穷病困;有的声音有人说它有韵律,实际上却粗俗鄙陋,那就是卖花的声音。

【评语译文】

谢海翁说："有些事物极其俗气,实际上却招人喜爱,那就是钱啊。"

张竹坡说："我有幸得到极其雅致的境地。"

才子而富贵

才子而富贵,定从福慧双修得来。

【评语】

冒青若说："才子富贵难兼。若能运用富贵才是才子,才是福慧双修,世岂无才子而富贵者乎? 徒自贪著,无济于人,仍是有福无慧。"

陈鹤山曰："释氏①云:'修福不修慧,像身挂璎珞②;修慧不修福,罗汉③供应薄。' 正以其难兼耳。山翁发为此论,直是夫子自道。"

江含征曰："宁可拼一付菜园肚皮,不可有一副酒肉面孔。"

【注释】

① 释氏:佛姓释迦氏,简称释氏。② 璎珞:古代用珠玉穿成戴在脖子上的装饰品。③ 罗汉:佛教语。释迦牟尼的弟子,有十八、一百零八和五百之数。

【译文】

有才华又富贵的人,一定是从积德行善和聪慧灵秀两方面修行得来的。

冒青若说："才华和富贵难以同时得到。如果能正确运用财富的力量，才是真正有才华的人，才是真正做到积德行善和聪慧灵秀双修。世上岂能没有既有才华又富贵的人呢？只是自己太贪婪不想施舍别人，仍是有福德没有智慧的人啊。"

陈鹤山说："佛说：'修行德行不修行智慧的人，就像身上挂满珠玉的装饰品；修行智慧不修行德行的人，罗汉收到的供奉就少了。'正是因为人们难以兼得才华和富贵。张先生发表这些言论，是他在自言自语。"

江含征说："宁可拥有吃青菜的肚子，也不能有只会吃喝的脸庞。"

新月恨其易沉

新月恨其易沉，缺月恨其迟上。

【评语】

孔东塘曰："我唯以月之迟早为睡之迟早耳。"

孙松坪曰："第勿使浮云点缀①，尘滓太清②足矣。"

冒青若曰："天道忌盈，沉与迟请君勿恨。"

张竹坡曰："易沉迟上可以卜君子之进退。"

【注释】

①浮云点缀：用浮云加以衬托和装饰。浮云，飘浮在空中的云。
②尘滓太清：尘埃污染太空。太清，太空。

【译文】

每月初出的弯形的月亮恨自己容易沉下山，每月十五日以后的月亮恨自己升空的太晚。

【评语译文】

孔东塘说："我只按月亮上升的早晚决定自己睡觉的早晚。"

孙松坪说："千万不要使飘浮在空中的云挡住月亮，飞扬的尘埃污染太空就足够了。"

幽梦影

冒青若说："老天忌讳太满，月亮上升的早晚请不要怨恨。"

张竹坡说："从月亮上升的早晚可以占卜君子的晋升与贬斥。"

躬耕吾所不能学

躬耕①吾所不能学，灌园②而已矣；樵薪③吾所不能学，薙草④而已矣。

【评语】

汪扶晨曰："不为老农而为老圃，可云半个樊迟⑤。"

释菌人曰："以灌园薙草自任自待，可谓不薄，然笔端隐隐有非其种者锄而去之之意。"

王司直曰："予自名为识字农夫，得毋妄甚？"

【注释】

①躬耕：亲自管理农事。②灌园：从事田园劳动。③樵薪：打柴。④薙(tì)草：清除野草。⑤樊迟：春秋时期鲁国人。名须，字子迟。孔子弟子。

【译文】

亲自耕种我做不到，浇浇菜园子还是能做到的；上山打柴我做不到，拔拔杂草还是能做到的。

【评语译文】

汪扶晨说："不做耕田的农夫而做浇菜园的圃农，可以称为半个樊迟。"

释菌人说："把自己当成浇菜园除杂草的人评价自己，可以说没有妄自菲薄，但是他们笔墨间隐隐约约含有不是种田锄禾的人都要排除在外的意思。"

王司直说："我把自己当作识字的农民，不能算是狂妄吧？"

十　恨

一恨书囊易蛀，二恨夏夜有蚊，三恨月台易漏①，四恨菊叶多焦，五恨松多大蚁，六恨竹多落叶，七恨桂荷易谢，八恨薜萝藏虺②，九恨架花生刺，十恨河豚多毒。

【评语】

江菂庵曰："黄山松并无大蚁，可以不恨。"

张竹坡曰："安得诸恨物尽有黄山乎？"

石天外曰："予另有二恨：一曰才人无竹，二曰佳人薄命。"

【注释】

①漏：古代一种计时器，夜漏。②虺(huǐ)：古书记载的一种毒蛇。

【译文】

一是怨恨书籍容易被虫子蛀蚀，二是怨恨夏夜有蚊虫叮咬，三是怨恨登台赏月时间过得快，四是怨恨菊花的叶子容易干枯，五是怨恨松树底下有很多大蚂蚁，六是怨恨竹子掉落一地叶子，七是怨恨桂花和荷花容易凋谢，八是怨恨薜萝藤下隐藏着毒蛇，九是怨恨藤萝花长很多刺，十是怨恨河豚有毒。

【评语译文】

江菂庵说："黄山的松树底下没有大蚂蚁，就不要怨恨了。"

张竹坡说："在这几种怨恨之物中也包括黄山在内吗？"

石天外说："我另外还有两种怨恨：一是有才华的人品行不好，二是美人命运不好。"

楼上看山

楼上看山，城头看雪，灯前看月，舟中看霞，月下看美人，另是一番情境。

【评语】

江允凝曰："黄山看云更佳。"

倪永清曰："做官时看进士,分金处看文人。"

毕右万曰："予每于雨后看柳,觉尘襟俱涤。"

尤谨庸曰："山上看雪,雪中看花,花中看美人亦可。"

【译文】

在高楼上看山峦,在城头观赏大雪,在灯前欣赏月景,在船中欣赏红霞,在月光下欣赏美女,又是一番情趣。

【评语译文】

江允凝说："在黄山观看云雾缭绕最好。"

倪永清说："当官时看进士,分财产时看文人。"

毕右万说："我每次在雨后看柳树,就会觉得衣服上的尘土都被洗干净了。"

尤谨庸说："在山上欣赏雪景,在雪景中欣赏鲜花,在鲜花中欣赏美女,也是一种景致。"

摄召魂梦、颠倒情思的胜景

山之光、水之声、月之色、花之香、文人之韵致、美人之姿态,皆无可名状、无可执著,真足以摄召魂梦、颠倒情思。

【评语】

吴街南曰："以极有韵致之文人与极有姿态之美人共坐于山水花月间,不知此时魂梦何如?情思何如?"

【译文】

山中的光晕,流水的响声,月光的皎洁,鲜花的芳香,文人的风韵雅致,美人的千姿百媚,都不能够用语言表述、无法刻意追求,这些足以使人魂牵梦绕，无法忘怀。

【评语译文】

吴街南说："使极有风雅韵致的文人和有极佳容貌仪态的美人共同坐在有山有水有花有月亮的地方，不知道此时此刻你的梦幻怎样？情思怎样？"

假使梦能自主，虽千里无难命驾

假使梦能自主，虽千里无难命驾，可不羡长房①之缩地；死者可以晤对，可不需少君②之招魂；五岳可以卧游③，可不俟婚嫁之尽毕。

【评语】

黄九烟曰："予尝谓鬼有时胜于人，正以其能自主耳。"

江含征曰："吾恐'上穷碧落下黄泉，两处茫茫皆不见'也。"

张竹坡曰："梦魂能自主，则可一生死，通人鬼，真见道之言矣。"

【注释】

①长房：费长房，汝南（今河南平舆北）人。东汉方士，据说他有缩地术，一天之内能到千里之外。后失其符，为众鬼所杀。②少君：李少君。西汉方士。据说会延年益寿之术，能长生不老。③卧游：原指以欣赏山水画代替游览，这里指在睡梦中游玩。

【译文】

如果自己可以控制梦境，即使千里之遥准备出行也没什么难的，可以不用羡慕费长房的缩地术；死人可以相会，可以不需要李少君的招魂术；可以在睡梦中游玩五岳，可以不用等到婚嫁的时候就都游览完了。

【评语译文】

黄九烟说："我曾经说鬼有时候比人强大，是因为它自己能够做自己，不受别人指使。"

江含征说："我恐怕'上穷碧落下黄泉，两处茫茫皆不见'啊。"

张竹坡说："在梦中自己能够主使魂魄，就可以把生死当成同一事物，将人间和鬼域连接起来，真是达到了道的最高境界啊。"

昭君以和亲而显，可谓之不幸

昭君以和亲而显，刘蕡① 以下第而传，可谓之不幸，不可谓之缺陷。

【评语】

江含征曰："若故折黄雀腿而后医之亦不可。"

尤悔庵曰："不然，一老宫人，一低进士耳。"

【注释】

① 刘蕡(fén)：字去华。唐代昌平(今北京昌平)人。因为直言落榜而流传千古。

【译文】

王昭君因远嫁匈奴而扬名，刘蕡因为直言落榜而千古流传，对他们个人来说不幸，但不能说是他们的缺憾。

【评语译文】

江含征说："如果故意把黄雀的腿折断，然后再医治它是不可以的。"

尤悔庵说："如果不是因此他们的命运会被改变，一个不过是在宫中老死的宫女，一个是进士罢了。"

爱花与爱美人

以爱花之心爱美人，则领略自饶别趣；以爱美人之心爱花，则护惜倍有深情。

冒辟疆曰:"能如此,方是真领略,真护惜也。"

张竹坡曰:"花与美人何幸遇此东君①。"

【注释】

① 东君:司春神。

【译文】

用爱护花的心去爱护美人,那么会领略到别样的趣味;用爱护美人的心去爱护花,那么爱护悯惜的感情就更深刻了。

【评语译文】

冒辟疆说:"如果能做到这样,才是真正的理解心意,真正的爱护悯惜。"

张竹坡说:"鲜花和美人多么幸运啊,能够遇到司春神。"

窗内人于窗纸上作字

窗内人于窗纸上作字,吾于窗外观之极佳。

【评语】

江含征曰:"若索债人于窗外纸上画,吾且望之却走矣。"

【译文】

窗户里边的人在窗户纸上写字,我在窗外看来觉得挺漂亮。

【评语译文】

江含征说:"如果讨债的人在窗户外边的窗户纸上画画,我看见他就想快点逃走。"

以阅历之浅深为所得之浅深

少年读书如隙中窥月,中年读书如庭中望月,老年读书如台上玩月,皆以阅历之浅深为所得之浅深耳。

黄交三曰："真能知读书痛痒者也。"

张竹坡曰："吾叔此论直置身广寒宫①里,下视大千世界皆清光似水矣。"

毕右万曰："吾以为学道亦有浅深之别。"

【注释】

① 广寒宫:月宫。

【译文】

少年时读书像从窗缝中窥探月亮,并不能深刻地理解全文,中年时读书像在院子里观望月亮,能够整体把握但立足点还不高,老年时读书像在宽敞的月台上玩赏月亮,能够深刻地理解书中的精华。这都是根据一个人阅历的深浅决定其读书的深浅。

【评语译文】

黄交三说:"这是真正能了解读书中什么是最重要的人啊。"

张竹坡说:"我的长辈的这些议论就像在广寒宫中,向下俯瞰整个人间社会,就像水一样清澈透明。"

毕右万说:"我认为学习的领悟能力也有浅和深的差别。"

蝶为才子之化身

蝶为才子之化身,花乃美人之别号。

【评语】

张竹坡曰："蝶入花房香满衣,是反以金屋贮才子矣。"

【译文】

蝴蝶是才子的化身,花儿是美人的别称。

【评语译文】

张竹坡说:"蝴蝶在花房中飞舞浑身会沾满香味,这样反而是金屋藏起了才子。"

因雪想高士

因雪想高士,因花想美人,因酒想侠客,因月想好友,因山水想得意诗文。

【评语】

弟木山曰:"余每见人一长一技,即思效之,虽至琐屑亦不厌也,大约是爱博而情不专。"

张竹坡曰:"多情语令人泣下。"

尤谨庸曰:"因得意诗文想心斋矣。"

李季子曰:"此善于设想者。"

陆云士曰:"临川①谓:'想内成,因中见。'与此相发。"

【注释】

① 临川:汤显祖,字义仍,临川(今属江西)人。明代戏曲作家、文学家。代表作品有《牡丹亭》《邯郸记》《南柯记》等。

【译文】

因为雪而想到隐士高人,因为花而想到俊俏的美人,因为酒而想到豪爽的侠士,因为月亮而想到好朋友,因为高山流水而想到得意的文章。

【评语译文】

弟木山说:"我每次看到别人有什么特长或技艺,就想立刻仿效学习,即使琐碎也不厌烦,大概是喜爱博览而感情不专一。"

张竹坡说:"多情的话容易让人感动得落泪。"

尤谨庸说:"因为得意的文章而想念心斋啊。"

李季子说:"心斋是个喜欢想象的人。"

陆云士说:"汤显祖说:'心中所想的形象,好像现在看到一样。'与这一条相互阐发印证。"

幽梦影

闻声如临其境

闻鹅声如在白门①,闻橹声如在三吴,闻滩声如在浙江,闻骡马项下铃铎声如在长安②道上。

【评语】

聂晋人曰:"南无观世音菩萨摩诃萨。"

倪永清曰:"众音寂灭时,又作么生③话会。"

【注释】

①白门:指南京。②长安:即今陕西西安。③作么生:怎么样,做什么。

【译文】

听到鹅的叫声就觉得自己好像在南京,听到摇橹的声音就觉得自己好像在三吴,听到潮水打击礁石的声音就觉得好像在浙江,听到骡马脖子下的铃声就觉得自己好像在长安的驿道上。

【评语译文】

聂晋人说:"归敬观音菩萨普度众生的人。"

倪永清说:"当众多的声音消失时,又用怎样的话来回答。"

雨

雨之为物,能令昼短,能令夜长。

【评语】

张竹坡曰:"雨之为物,能令天闭眼,能令地生毛,能为水国广封疆。"

【译文】

雨这种事物,能让白天变短,能让黑夜变长。

幽梦影

【评语译文】

张竹坡说:"雨这种事物,能让天闭上眼睛,能让地长出毛发,能让大地变成水泽使疆域扩大。"

当为花中之萱草

当为花中之萱草,毋为鸟中之杜鹃。

【评语】

袁翔甫补评曰:"萱草忘忧,杜鹃啼血。"

【译文】

在花中应当做使人忘忧的萱草,不要在鸟类中做悲鸣啼血的杜鹃。

【评语译文】

袁翔甫补评说:"萱草可以使人忘记忧愁,杜鹃啼血让人感到悲伤。"

耳闻不如目见

女子自十四五岁至二十四五岁,此十年中无论燕、秦、吴、越,其音大都娇媚动人,一睹其貌,则美恶判然矣。耳闻不如目见,于此益信。

【评语】

吴听翁曰:"我向以耳根之有余,补目力之不足,今读此乃知卿言亦复佳也。"

江含征曰:"帘为妓衣,亦殊有见。"

张竹坡曰:"家有少年丑婢者,当令隔屏私语、灭烛侍寝,何如?"

倪永清曰:"若逢美貌而恶声者,又当如何?"

女子从十四五岁到二十四五岁,这十年中不论是在燕、秦、吴、越,她们的声音大多娇媚动人,但是见了相貌之后,美丑一下子就分明了。百闻不如一见,由此我更加相信这句话了。

【评语译文】

吴听翁说:"我一向用耳朵弥补眼睛看不到的地方,现在读到这里才知道张先生的话是正确的。"

江含征说:"窗帘是乐妓的衣衫,这话也有合理的地方。"

张竹坡说:"家中有年轻丑陋的婢女,应当命令她隔着屏风讲话、熄灭灯烛侍候你睡觉,怎么样?"

倪永清说:"假如遇到外貌漂亮、声音难听的人,又该怎么办呢?"

富贵而劳悴,不若安闲之贫贱

富贵而劳悴,不若安闲之贫贱;贫贱而骄傲,不若谦恭之富贵。

【评语】

曹实庵曰:"富贵而又安闲,自能谦恭也。"

许师六曰:"富贵而又谦恭,乃能安闲耳。"

张竹坡曰:"谦恭安闲乃能长富贵也。"

张迁庵曰:"安闲乃能骄傲,劳悴则必谦恭。"

【译文】

富贵却操劳的人,不如悠闲的穷人;贫贱却骄傲的人,不如谦虚的富贵人。

【评语译文】

曹实庵说:"富有高贵又安闲自在的人,自然能谦虚。"

许师六说:"富有高贵又谦虚的人,也能够安闲自在呀。"

张竹坡说:"谦虚悠闲的人才能长久地富有高贵。"

张迁庵说:"安闲自在才能够骄傲,劳累憔悴一定能让人谦虚谨慎。"

幽梦影

惟耳能自闻其声

目不能自见,鼻不能自嗅,舌不能自舐,手不能自握,惟耳能自闻其声。

【评语】

弟木山曰:"岂不闻'心不在焉''听而不闻'乎？兄其诳我哉。"

张竹坡曰:"心能自信。"

释师昂曰:"古德①云:眉与目不相识,只为太近。"

【注释】

① 古德:佛教徒对年长有道的高僧的尊称。

【译文】

眼睛不能看到自己,鼻子不能闻到自己,舌头不能舔舐自己,手不能握住自己,只有耳朵能够听到自己的声音。

【评语译文】

弟木山说:"难道没有听说'心不在焉''听而不闻'吗？你这是欺骗我呀。"

张竹坡说:"心能够自己信任自己。"

释师昂说:"年高有道的高僧说:眉毛和眼睛互不认识,只因为离得太近。"

听琴则远近皆宜

凡声皆宜远听,惟听琴则远近皆宜。

【评语】

王名友曰:"松涛声、瀑布声、箫声、笛声、潮声、读书声、钟声、梵声皆宜远听,惟琴声、度曲声、雪声非至近不能得其离合抑扬之妙。"

庞天池曰："凡色皆宜近看，惟山色远近皆宜。"

【译文】

凡是声音都适宜在远处听，只有听琴声的时候远近都适宜。

【评语译文】

王名友说："松涛的声音、瀑布的声音、箫声、笛声、潮水的声音、琅琅的读书声、钟声、念经的声音都适宜在远处听，琴声、唱曲的声音、落雪的声音只有在近处才能欣赏到其抑扬顿挫的美妙。"

庞天池说："凡是颜色都适宜在近处观赏，只有山色无论远近观看都行。"

目不能识字，其闷尤过于盲

目不能识字，其闷尤过于盲；手不能执管，其苦更甚于哑。

【评语】

陈鹤山曰："君独未知今之不识字不握管者，其乐尤过于不盲不哑者也。"

【译文】

有眼睛却不识字，这种苦闷比盲人还难受；有手却不能写字，这种痛苦比哑巴还难受。

【评语译文】

陈鹤山说："你唯独不知道现在不识字不写字的人，他们的快乐要胜过不瞎不哑的人。"

为何不姓李？

《水浒传》武松诘蒋门神云："为何不姓李？"此语殊妙。盖姓实有佳有劣，如华、如柳、如云、如苏、如乔，皆极风韵。若夫毛也、赖也、焦也、牛也，则皆尘于目而棘于耳者也。

【评语】

先渭求曰："然则君为何不姓李耶？"

张竹坡曰："止闻今张昔李，不闻今李昔张也。"

【译文】

《水浒传》中武松诘问蒋门神说："你为什么不姓李呢？"这句话问得太好了。因为姓氏确实有好听难听的区别，像华、柳、云、苏、乔，都极其风雅有韵味；像毛、赖、焦、牛，都不好看也不好听。

【评语译文】

先渭求说："然而你为什么不姓李呢？"

张竹坡说："只听说现在姓张好，以前姓李好，没听说现在姓李好，以前姓张好。"

论 花

花之宜于目而复宜于鼻者：梅也、菊也、兰也、水仙也、珠兰也、莲也。止宜于鼻者：橼①也、桂也、瑞香也、栀子也、茉莉也、木香也、玫瑰也、腊梅也。余则皆宜于目者也。花与叶俱可观者，秋海棠为最，荷次之，海棠、酴醾、虞美人、水仙又次之。叶胜于花者，止雁来红、美人蕉而已。花与叶俱不足观者，紫薇也、辛夷也。

【评语】

周星远曰："山老可当花阵一面。"

张竹坡曰："以一叶而能胜诸花者，此君②也。"

【注释】

①橼（yuán）：枸橼，常绿乔木，初夏开白色的花。果实有香气，味很酸。②君：指竹子。

花既适于观赏又好闻的有：梅花、菊花、兰花、水仙、珠兰、莲花。只好闻的有：香橼花、桂花、瑞香花、栀子花、茉莉花、木香花、玫瑰花、腊梅花。其余的都适于观赏。花和叶子都适于观赏的，秋海棠最好，其次是荷花，海棠、荼蘼、虞美人、水仙花又次之。叶子比花好看的只有雁来红、美人蕉罢了。花和叶子都不好看的是紫薇花和辛夷花。

【评语译文】

周星远说："张先生可以担当花木行列的一面。"

张竹坡说："一片叶子比其他花都好的是竹子。"

天下万物皆可画，惟云不能画

云之为物，或崔巍如山，或潋滟①如水，或如人，或如兽，或如鸟毳②，或如鱼鳞。故天下万物皆可画，惟云不能画，世所画云亦强名耳。

【评语】

何蔚宗曰："天下百官皆可做，惟教官③不可做，做教官者皆谪戍耳。"

张竹坡曰："云有反面正面，有阴阳向背，有层次内外。细观其与日相映，则知其明处乃一面，暗处又一面。尝谓古今无一画云手，不谓《幽梦影》中先得我心。"

【注释】

①潋滟：水波荡漾。②毳（cuì）：鸟兽的细毛。③教官：古代掌管学务的官员。

【译文】

云作为一种物体，有时像巍峨的高山，有时像水波荡漾，有时像人，有时像兽，有时像鸟兽的细毛，有时像鱼鳞。因此天下万物都可以作画，只有云不能作画。世上所画的云也不过徒有其名罢了。

何蔚宗说:"天下百种官职都能做,只有掌管学务的官职不能做,做这种官的人都被贬到边疆防守了。"

张竹坡说:"云有正面和反面,有阴面和阳面,层次有内有外。在阳光下仔细观察,就可知道它明处是一面,暗处又是一面。我曾经说从古至今没有一位画云的人,没想到《幽梦影》中的论述首先让我的心诚服。"

毋惑乎民之贫也?

天下器玩之类,其制日工,其价日贱,毋惑乎民之贫也?

【评语】

张竹坡曰:"由于民贫,故益工而益贱。若不贫,如何肯贱?"

【译文】

天下的器具玩物这类的,制作越来越精细,它们的价格越来越便宜,难怪老百姓越来越贫穷了?

【评语译文】

张竹坡说:"因为老百姓日益贫穷,所以制工越精细价格越低贱。假如不贫穷,怎么舍得便宜地卖掉呢?"

养花与胆瓶

养花胆瓶①,其式之高低大小须与花相称,而色之浅深浓淡又须与花相反。

【评语】

程穆倩曰:"足补袁中郎②《瓶史》所未逮。"

张竹坡曰:"夫如此,有不甘去南枝而生香于几案之右者乎?名花心足矣!"

王宓草曰："须知相反者,正欲其相称也。"

【注释】

①胆瓶:颈长腹大,形状像悬胆一样的花瓶。②袁中郎:袁宏道,字中郎,号石公,湖广公安(今属湖北)人。明代文学家。著《袁中郎全集》。公安派的创始者,与兄宗道、弟中道并称三袁。

【译文】

养花的胆瓶,它样式的高低大小一定要与花搭配好,而颜色的浅深浓淡又一定要与花的颜色相反。

【评语译文】

程穆倩说:"这足以弥补袁宏道《瓶史》中没有记载的了。"

张竹坡说:"如果这样,就没有不甘心把南向的树枝折下来,放在茶几右边散发芳香的花了。那些名贵的花也心满意足了!"

王宓草说:"应当知道花瓶的颜色和花相反时,正好互相配衬。"

春雨如恩诏

春雨如恩诏,夏雨如赦书,秋雨如挽歌。

【评语】

张谐石曰:"我辈居恒苦饥,但愿夏雨如馒头耳。"

张竹坡曰:"赦书太多亦不甚妙。"

【译文】

春天的雨就像帝王降恩时所下的诏书,夏天的雨就像免除罪行的诏书,秋天的雨就像送葬时的悲歌。

【评语译文】

张谐石说:"我们这些经年受苦挨饿的人,只希望夏天的雨像馒头能够充饥便可。"

张竹坡说:"免除罪行的诏书太多了也不好啊。"

幽梦影

论全人

十岁为神童,二十三十为才子,四十五十为名臣,六十为神仙,可谓全人矣。

【评语】

江含征曰:"此却不可知。盖神童原有仙骨故也,只恐中间做名臣时,堕落名利场中耳。"

杨圣藻曰:"人孰不想? 难得有此全福。"

张竹坡曰:"神童、才子由于己,可能也。臣由于君,仙由于天,不可必也。"

顾天石曰:"六十神仙似乎太早。"

【译文】

人在十岁时是特别聪明的儿童,二三十岁时特别有才华,四五十岁时成为治世之能臣,六十岁时成为长生不老的神仙,可以称为是一个全人啦。

【评语译文】

江含征说:"这是不可预料的。因为神童原就有神仙的天赋气质,只恐怕做到治世名臣时,因追名逐利而堕落啊。"

杨圣藻说:"谁没有这种愿望,但很难得到这种万全的福气。"

张竹坡说:"聪明和才华是自己决定的,是有可能实现的。成为治世能臣由皇帝决定,得道成仙由上天决定,不能必然实现。"

顾天石说:"六十岁称为神仙似乎太早了。"

武人不苟战,是为武中之文

武人不苟战,是为武中之文;文人不迂腐,是为文中之武。

梅定九曰："近日文人不迂腐者颇多,心斋亦其一也。"

顾天石曰："然则心斋直谓之武夫可乎?笑笑。"

王司直曰："是真文人必不迂腐。"

【译文】

武将不随便出战,就是武将中文人的举动;做文章的人不拘泥于陈旧的模式,就是文臣中武人的举动。

【评语译文】

梅定九说："近来做文章的人不拘泥于陈旧模式的人很多,张先生也是其中之一啊。"

顾天石说："然而把张先生称为武夫行吗?只会让人感到可笑。"

王司直说："是真正的读书人一定不拘泥于陈旧的模式。"

文人讲武事大都纸上谈兵

文人讲武事大都纸上谈兵,武将论文章半属道听途说。

【评语】

吴街南曰："今之武将讲武事亦属纸上谈兵,今之文人论文章大都道听途说。"

【译文】

读书人谈论军事大多数都是纸上谈兵;武将谈论文章一半的人都是道听途说。

【评语译文】

吴街南说："现在武将谈论军事也属于纸上谈兵;现在读书人谈论文章大多数都是道听途说。"

幽梦影

斗方止三种可存

斗方^①止三种可存。佳诗文一也,新题目二也,精款式三也。

【评语】

闵宾连曰:"近年斗方名士^②甚多,不知能入吾心斋彀中否也?"

【注释】

① 斗方:书画所用的一尺见方的纸。也用来指一尺见方的册页书画。

② 斗方名士:指自命风雅的知识分子。

【译文】

写字作画所用的一尺见方的单幅笺只有三种可以保存。一种是好的诗文,第二种是新颖的题目,第三种是精美的款式。

【评语译文】

闵宾连说:"近几年自认为风雅的文人很多,不知道能不能入张先生的眼?"

情必近于痴而始真

情必近于痴而始真,才必兼乎趣而始化。

【评语】

陆云士曰:"真情种、真才子能为此言。"

顾天石曰:"才兼乎趣,非心斋不足当之。"

尤慧珠曰:"余情而痴则有之,才而趣则未能也。"

【译文】

情感一定要近于痴迷才是真的;有才华也要有趣味才会有变化。

【评语译文】

陆云士说：“真正有情有义、有才华的人才这样说。”

顾天石说：“有才华又有趣味，只有张先生才能担当。”

尤慧珠说：“我的感情能够近于痴迷，但有才华又有趣味不能同时做到。”

全才者其惟莲

凡花色之娇媚者，多不甚香；瓣之千层者，多不结实。甚矣，全才之难也，兼之者其惟莲乎！

【评语】

殷日戒曰：“花叶根实无所不空，亦无不适于用，莲则全有其德者也。”

贯玉曰：“莲花易谢，所谓有全才而无全福也。”

王丹麓曰：“我欲荔枝有好花，牡丹有佳实方妙。”

尤谨庸曰：“全才必为人所忌，莲花故名君子①。”

【注释】

① 莲花故名君子：北宋周敦颐《爱莲说》：“莲，花之君子者也。”

【译文】

凡是花色好看的，大多香味不浓；花瓣层次多的，大多不结果实。要求样样都做到真是太难了，花色好看又香，又结果实的只有莲花啊！

【评语译文】

殷日戒说：“花、叶、根、果实都是空的，也没有什么不适用的，这些美好的品德莲花都具有。”

贯玉说：“莲花容易凋谢，可以说有用处的挺多但寿命很短，不能称为全福。”

王丹麓说：“我想荔枝的花好看，牡丹的果实实用才好。”

尤谨庸说：“全才的人一定会被人嫉妒，莲花因此被称为品格高尚的君子。”

幽梦影

注得一部古书，允为万世宏功

著得一部新书，便是千秋大业；注得一部古书，允为万世宏功。

【评语】

黄交三曰："世间难事，注书第一。大要于极寻常书，要看出作者苦心。"

张竹坡曰："注书无难。天使人得安居无累，有可以注书之时与地为难耳。"

【译文】

写一部新书，就是一件大事业；编著一部古书，就是万年的宏伟功绩了。

【评语译文】

黄交三说："世上的难事，校注书籍是第一。主要的是在极其寻常的书中，要看出作者的良苦用心。"

张竹坡说："校注书籍并不困难。上天让人在那里安居乐业，只是有可以用来校注书籍的时间和地点比较困难。"

友道之所以可贵也

云映日而成霞，泉挂岩而成瀑，所托者异而名亦因之，此友道之所以可贵也。

【评语】

张竹坡曰："非日而云不映，非岩而泉不挂，此友道之所以当择也。"

【译文】

太阳照在云上形成彩霞,泉水悬挂在岩石上形成瀑布,因为所依托的对象不同名字也随着变化,这就是交朋友可贵的地方。

【评语译文】

张竹坡说:"没有太阳,云彩就不会被照射;没有岩石,泉水就不会悬挂,这就是交友之道应当有所选择的原因。"

画虎不成反类狗

大家之文,吾爱之慕之,吾愿学之;名家之文,吾爱之慕之,吾不敢学之。学大家而不得,所谓刻鹄不成尚类鹜①也;学名家而不得,则是画虎不成反类狗矣。

【评语】

黄旧樵曰:"我则异于是,最恶世之貌为大家者。"

殷日戒曰:"彼不曾闯其藩篱,乌能窥其阃奥②,只说得隔壁话耳。"

张竹坡曰:"今人读得一两句名家便自称大家矣。"

王安节曰:"大家是学问,名家是才华。"

【注释】

① 刻鹄不成尚类鹜:雕刻天鹅不成倒像鸭子。鹄,天鹅;鹜,鸭子。
② 阃(kǔn)奥:原指内室深隐处,引申为隐微深奥的境界。

【译文】

博采众长的作家的文章,我喜爱、仰慕,愿意学着它写;有专长的作家的文章,我喜爱、仰慕,我不敢学着它写。学习博采众长的作家的文章却达不到它的水平,就是人们说的雕刻天鹅不成还像鸭子;学习有专长的作家的文章而达不到它的水平,那么就成了画虎不成反像狗了。

【评语译文】

黄旧樵说:"我与这种看法不同,最讨厌世上那些貌似博采众长的作

幽梦影

家的人。"

殷日戒说:"你没进过那些著名作家的禁地,怎么能窥见学问的深奥境界,只能说这些墙外话。"

张竹坡说:"现在的人读了一两句有专长作家的话就称自己是博采众长的作家了。"

王安节说:"博采众长的作家靠的是学识,有专长的作家靠的是才能。"

虽不善书,而笔砚不可不精

虽不善书,而笔砚不可不精;虽不业医,而验方不可不存;虽不工弈,而楸枰①不可不备。

【评语】

江含征曰:"虽不善饮,而良酝不可不藏,此坡仙②之所以为坡仙也。"

顾天石曰:"虽不好色,而美女妖童③不可不蓄。"

毕右万曰:"虽不习武,而弓矢不可不张。"

【注释】

①楸枰:用楸木做成的棋盘。②坡仙:苏轼,字子瞻,号东坡居士,眉州眉山(今属四川)人。北宋文学家、书画家。唐宋八大家之一。③妖童:清秀的男孩。

【译文】

即使不擅长书法,但是笔墨砚台不可以不精致;即使不当医生,但是药方不可以不收存;即使不精通棋艺,但是楸木制作的棋盘不可以没有。

【评语译文】

江含征说:"即使不擅长饮酒,但是好酒不可以不贮藏,这是苏东坡被称为坡仙的原因。"

顾天石说:"即使不喜好女色,但漂亮的女孩和清秀的男童不可以不蓄有。"

毕右万说："即使不学习武功,但是弓箭不可以张不开。"

方外不必戒酒,但须戒俗

方外①不必戒酒,但须戒俗;红裙②不必通文,但须得趣。

【评语】

朱其恭曰："以不戒酒之方外,遇不通文之红裙,必有可观。"

陈定九曰："我不善饮,而方外不饮酒者誓不与之语。红裙若不识趣亦不乐与近。"

释浮村曰："得居士此论,我辈可放心豪饮矣。"

弟东圃曰："方外并戒了化缘方妙。"

【注释】

① 方外:指僧人、道士。② 红裙:指美女。

【译文】

僧人和道士不一定要戒酒,但必须抛却世俗;美女不一定要精通辞章,但必须识趣。

【评语译文】

朱其恭说："让不戒酒的僧人或道士,遇到不精通辞章的美女,一定有观赏的乐趣。"

陈定九说："我不擅长饮酒,但不喝酒的僧人和道士我发誓不和他说话,不识趣的美女也不乐于和她接近。"

释浮村说："得到居家信佛的人这样的论断,我们这些人可以放心畅饮了。"

弟东圃说："僧人和道士一块戒除布施才好啊。"

论 石

梅边之石宜古,松下之石宜掘①,竹旁之石宜瘦,盆内之石宜巧。

【评语】

周星远曰："论石至此,直可作九品中正[2]。"

释中洲曰："位置相当,足见胸次。"

【注释】

① 掘:粗笨。② 九品中正:魏晋南北朝时一种世族特权官僚选拔制度。

【译文】

梅花旁边的石头适宜古朴,松树下的石头适宜拙朴,竹子旁边的石头适宜瘦削,花盆内的石头适宜小巧。

【评语译文】

周星远说："评论石头达到这样的地步,简直可以做按才能分九等的中正官。"

释中洲说："张先生对不同事物搭配不同石头安排恰当,由此可见他胸怀不凡。"

律己宜带秋气

律己宜带秋气,处世宜带春气。

【评语】

孙松楸曰："君子所以有矜群[1]而无争党[2]也。"

胡静夫曰："合夷[3]惠[4]为一人,吾愿亲炙[5]之。"

尤悔庵曰："皮里春秋[6]。"

【注释】

① 矜群:同情大众。② 争党:朋党之间的争夺。③ 夷:伯夷,商末孤竹君长子。④ 惠:柳下惠,即展禽,名获,字禽,又字季。他为人清高廉洁,善于讲究贵族礼节。⑤ 亲炙:谓亲承教化。⑥ 皮里春秋:表面不做

评论，心里却有所褒贬。

【译文】

对自身的约束和要求要严格；与别人相处应该和蔼可亲。

【评语译文】

孙松楸说："品德高尚的人有同情大众的心，没有朋党之间的纷争。"

胡静夫说："把伯夷的高尚和柳下惠的廉洁合起来成为一人，我愿意亲身接受他的教导。"

尤悔庵说："表面不做评论，心中有所褒贬。"

耳中别有不同

松下听琴，月下听箫，涧边听瀑布，山中听梵呗①，觉耳中别有不同。

【评语】

张竹坡曰："其不同处，有难于向不知者道。"

倪永清曰："识得不同二字，方许享此清听。"

【注释】

① 梵呗：佛教中做法事时赞叹歌咏的声音。

【译文】

在松树下听琴声，在月光下听箫声，在河涧边听瀑布的声响，在深山中听佛教徒的歌咏声，听起来格外不同。

【评语译文】

张竹坡说："这种不同的地方，很难向不知道的人表达。"

倪永清说："认识到不同这两个字，才可以享受这清雅的声音。"

月 下

月下听禅，旨趣益远；月下说剑，肝胆益真；月下论诗，风致益幽;月下对美人,情意益笃。

【评语】

袁士旦曰:"溽暑中赴华筵,冰雪中应考试,阴雨中对道学^①先生,与此况味何如?"

【注释】

①道学:原指宋明时期的唯心主义哲学思想,现形容古板迂腐的人。

【译文】

月光下听人谈论禅机,旨意趣味更加深远;月光下和人谈论剑术,侠肝义胆更加真实;月光下和人谈论诗篇,风韵兴致更加幽雅;月光下和美貌佳人相望,情意更加深厚。

【评语译文】

袁士旦说:"天气最热的时候参加丰盛的筵席,在冰天雪地中参加考试,在阴天下雨中面对古板迂腐的人,在这种情况下会有什么意味?"

胸中之山水,妙在位置自如

有地上之山水,有画上之山水,有梦中之山水,有胸中之山水。地上者,妙在丘壑深邃;画上者,妙在笔墨淋漓;梦中者,妙在景象变幻;胸中者,妙在位置自如。

【评语】

周星远曰:"心斋《幽梦影》中文字,其妙亦在景象变幻。"

殷日戒曰:"若诗文中之山水,其幽深变幻更不可以名状。"

江含征曰:"但不可有面上之山水。"

余香祖曰:"余境况不佳,水穷山尽矣。"

【译文】

有大地之上的山水,有画坊上的山水,有梦中的山水,有存在于胸间的山水。地上的山水绝妙的地方是丘壑的深邃,画上的山水绝妙的地方是笔墨的酣畅淋漓,梦中的山水绝妙的地方是景象的变化,胸中的山水绝妙的地方是位置井然有序。

【评语译文】

周星远说:"张先生《幽梦影》中的文章,绝妙的地方是景物气象的变幻。"

殷日戒说:"假如是诗文中的山水,它的深远幽静、变化无穷更是不可以描摹的。"

江舍征说:"但是不可能有颜面上的山水。"

余香祖说:"我的境况不好,已经山穷水尽了。"

四季之雨

春雨宜读书,夏雨宜弈棋,秋雨宜检藏,冬雨宜饮酒。

【评语】

周星远曰:"四时惟秋雨最难听,然予谓无分今雨旧雨,听之要皆宜于饮也。"

【译文】

春天下雨时适宜读书,夏天下雨时适宜下棋,秋天下雨时适宜翻检旧藏,冬天下雨时适宜饮酒。

【评语译文】

周星远说:"四季中的雨只有秋雨最难听,然而我认为不用区分现在的雨和过去的雨,听着它都适宜喝酒啊。"

诗文之体得秋气为佳

诗文之体得秋气为佳,词曲之体得春气为佳。

江含征曰："调有惨淡悲伤者,亦须相称。"

殷日戒曰："陶诗^①、欧文^②亦似以春气胜。"

【注释】

① 陶诗:指陶渊明的诗。② 欧文:指欧阳修的文章。

【译文】

诗歌和文章这种体裁端庄雅正,带点儿秋天的肃杀之气为好;词和曲这种体裁易于抒情,带点儿春天活泼的气息为好。

【评语译文】

江含征说:"曲调惨淡悲伤的,也应选与它相搭配的体裁。"

殷日戒说:"陶渊明的诗、欧阳修的文章也好像以春天活泼的文风受欢迎。"

笔墨·书籍·山水

抄写之笔墨,不必过求其佳,若施之缣素^①,则不可不求其佳;诵读之书籍,不必过求其备,若以供稽考^②,则不可不求其备;游历之山水,不必过求其妙,若因之卜居^③,则不可不求其妙。

【评语】

冒辟疆曰："外遇之女色,不必过求其美,若以作姬妾,则不可不求其美。"

倪永清曰："观其区处条理^④,所在经济^⑤可知。"

王司直曰："求其所当求,而不求其所不必求。"

【注释】

① 缣(jiān)素:书画所用的白色细绢。② 稽考:查考。③ 卜居:择地居住。④ 条理:思想、言语、文字的层次;生活工作的秩序。⑤ 经济:经国济民。

抄写所用的笔和墨不一定要太追求质量好的,如果书写在白绢上,就不能不追求质量好的了;吟诵阅读的书籍不一定要太追求完备,如果用来提供查考的,就不能不追求完备了;游玩山水不一定要太追求美妙的地方,如果为了选择居住,就不能不追求它的美妙。

【评语译文】

冒辟疆说:"在外面遇到的女子,不用太追求她的美貌,如果娶她做姬妾,就不能不追求她的貌美了。"

倪永清说:"观察张先生安排的生活秩序,可以知晓他在经国济民方面的能力。"

王司直说:"追求你应当追求的,不要追求你没有必要追求的。"

人非圣贤,安能无所不知

人非圣贤,安能无所不知。只知其一,惟恐不止其一,复求知其二者,上也;止知其一,因人言始知有其二者,次也;止知其一,人言有其二而莫之信者,又其次也;止知其一,恶人言有其二者,斯下之下矣。

【评语】

周星远曰:"兼听则聪,心斋所以深于知也。"

倪永清曰:"圣贤大学问不意于清语①得之。"

【注释】

① 清语:清雅的小品文。

【译文】

人不是圣人和贤人,怎么能什么都知道呢?只知道其中之一,还担心不只有这些,再探求另外的人是上等人;只知道其中之一,因为听别人说才知道还有其他的人是次等人;只知道其中之一,听别人说还有其他的但不相信的人是下等人;只知道其中之一,讨厌别人说还有其他的人是下下等人。

周星远说:"能够听取多方面的意见就能使人明达事理,张先生对此认识深刻。"

倪永清说:"圣人和贤人的大学问没想到从清言小品中得到。"

书

藏书不难,能看为难;看书不难,能读为难;读书不难,能用为难;能用不难,能记为难。

【评语】

洪去芜曰:"心斋以能记次于能用之后,想亦苦记性不如耳。世固有能记而不能用者。"

王端人曰:"能记能用方是真藏书人。"

张竹坡曰:"能记固难,能行尤难。"

【译文】

收藏书籍不难,能够看完才很难;看完它们不难,能完整地读下来很难;吟读下来不难,能充分运用很难;使用它们不难,能记在心里很难。

【评语译文】

洪去芜说:"张先生把能记在心里放在能运用之后,可以想象到他也苦于记性不如人啊。世间原本有能够记在心里但不能充分运用它们的人。"

王端人说:"能记在心里也能充分运用,才是真正收藏书籍的人。"

张竹坡说:"能够记在心里固然很难,能够做到更为困难。"

求知己于君臣,则尤难之难

求知己于朋友易,求知己于妻妾难,求知己于君臣则尤难之难。

【评语】

王名友曰："求知己于妾易，求知己于妻难，求知己于有妾之妻尤难。"

张竹坡曰："求知己于兄弟亦难。"

江含征曰："求知己于鬼神则反易耳。"

【译文】

在朋友中寻找知己比较容易，在妻妾中寻找知己很难，在君主臣僚中寻找知己则是难上加难。

【评语译文】

王名友说："在姬妾中寻找知己比较容易，于妻子寻找知己很难，于有妾的妻子寻找知己更加困难。"

张竹坡说："在兄弟中寻找知己也很难。"

江含征说："在鬼神中寻找知己反而会容易。"

善人与恶人

何谓善人？无损于世者，则谓之善人；何谓恶人？有害于世者，则谓之恶人。

【评语】

江含征曰："尚有有害于世而反邀善人之誉。此实为好利而显为名高者，则又恶人之尤。"

【译文】

什么叫善人？对社会没有危害的就叫善人；什么叫恶人？对社会有危害的就叫恶人。

【评语译文】

江含征说："尚且有一些对社会有危害反而赢得善人名声的人。这些人确实贪财又追求名利,那么比恶人还可恶。"

福

有工夫读书谓之福,有力量济人谓之福,有学问著述谓之福,无是非到耳谓之福,有多闻直谅^①之友谓之福。

【评语】

殷日戒曰:"我本薄福人,宜行求福,事在随时儆醒而已。"

杨圣藻曰:"在我者可必,在人者不能必。"

王丹麓曰:"备此福者,惟我心斋。"

李水樵曰:"五福骈臻固佳,苟得其半者,亦不得谓之无福。"

倪永清曰:"直谅之友,富贵人久拒之矣,何心斋反求之也?"

【注释】

① 多闻直谅:指正直、诚实、见多识广。

【译文】

有时间读书是福,有能力帮助别人是福,有才学著书立说是福,耳边听不到闲言碎语是福,有正直诚实、见多识广的朋友是福。

【评语译文】

殷日戒说:"我原本是一个福分浅薄的人,应当多做求取福分的事,只是在于随时让自己警醒罢了。"

杨圣藻说:"对自己可以强迫去做,对别人这样不行。"

王丹麓说:"具备这些福分的人,只有张先生。"

李水樵说:"同时具备五福固然很好,若只得到其中一半,也不能说是无福。"

倪永清说:"对正直诚实、见多识广的朋友,富贵的人总是不愿和他们交往,为什么张先生反而求取他们呢?"

人莫乐于闲,非无所事事之谓也

人莫乐于闲,非无所事事之谓也。闲则能读书,闲则能游名胜,闲则能交益友,闲则能饮酒,闲则能著书,天下之乐孰大于是?

【评语】

陈鹤山曰:"然则正是极忙处。"

黄交三曰:"闲字前有止敬①功夫,方能到此。"

尤悔庵曰:"昔人云:忙里偷闲。闲而可偷盗,亦有道矣。"

李若金曰:"闲固难得,有此五者方不负闲字。"

【注释】

① 止敬:尊重、恭敬。

【译文】

人没有不喜欢清闲的,但并不是说无所事事。有了空闲就能读书,有了空闲就能游览名胜,有了空闲就能结交对自己有帮助的朋友,有了空闲就能畅饮,有了空闲就能著书立说,天下还有比这更高兴的事吗?

【评语译文】

陈鹤山说:"然而这些空闲所做的事,正是最忙的时候。"

黄交三说:"闲字面前一定要有恭敬戒慎的修养,才能去做这些事情。"

尤悔庵说:"前人说:忙里偷闲。空闲可以偷,也是有一定道理的。"

李若金说:"空闲固然很难得到,有这五件事情可做才能不辜负这个闲字。"

文章是案头之山水

文章是案头之山水,山水是地上之文章。

李圣许曰："文章必明秀方可作案头山水，山水必曲折乃可名地上文章。"

【译文】

文章像是书案上的山水一样起伏跌宕；山水像是地上的文章妙笔天成。

【评语译文】

李圣许说："文章一定要明快秀丽才能做书案上的山水；山水一定要弯曲有变化才能做地上的文章。"

怒书、悟书和哀书

《水浒传》是一部怒书，《西游记》是一部悟书，《金瓶梅》是一部哀书。

【评语】

江含征曰："不会看《金瓶梅》而只学其淫，是爱东坡者但喜吃东坡肉[①]耳。"

殷日戒曰："《幽梦影》是一部快书。"

朱其恭曰："余谓《幽梦影》是一部趣书。"

庞天池曰："《幽梦影》是一部恨书，又是一部禅书。[②]"

【注释】

① 东坡肉：这是一种煮得极为酥烂的猪肉。传说是由苏东坡发明的。
② 此则评语据清刊本补。

【译文】

《水浒传》是一部表现英雄被逼上梁山的悲愤之书；《西游记》是一部让人向善、说禅悟道的书；《金瓶梅》是一部让人哀痛堕落的书。

江含征说："不会看《金瓶梅》却只学习它的淫荡，是喜爱苏东坡的人只喜欢吃东坡肉罢了。"

殷日戒说："《幽梦影》是一部让人感到快乐的书。"

朱其恭说："我说《幽梦影》是一部有趣味的书。"

庞天池说："《幽梦影》是一部令人怨恨的书，又是一部说禅论道的书。"

读书最乐

读书最乐，若读史书则喜少怒多，究之，怒处亦乐处也。

【评语】

张竹坡曰："读到喜怒俱忘是大乐境。"

陆云士曰："余尝有句云：'读《三国志》，无人不为刘^①；读南宋书，无人不冤岳^②。'第人不知怒处亦乐处耳。怒而能乐，惟善读史者知之。"

【注释】

① 刘：刘备，字玄德，河北涿州人。三国蜀汉的创建者。② 岳：岳飞，字鹏举，相州汤阴（今属河南）人。宋代爱国将军。

【译文】

读书是最快乐的，如果读历史类的书籍就会高兴的时候少、生气的时候多，推究起来，使你愤怒的地方也是快乐的地方。

【评语译文】

张竹坡说："读书读到把快乐和怒气都忘记了，这才是达到了最快乐的境界。"

陆云士说："我曾经有句话说：'读《三国志》没有人不尊崇于刘备；读南宋的书，没有人不为岳飞感到冤屈。'但人们不知道让人愤怒的地方也是快乐的地方。愤怒又能让人感到快乐，只有善于读史书的人才能理解。"

幽梦影

发前人未发之论,方是奇书

发前人未发之论,方是奇书;言妻子难言之情,乃为密友。

【评语】

孙恺似曰:"前二语是心斋著书本领。"

毕右万曰:"奇书我却有数种,如人不肯看何?"

陆云士曰:"《幽梦影》一书所发者皆未发之论,所言者皆难言之情,欲语羞雷同,可以题赠。"

庞天池曰:"前句夫子自道也,后句夫子痴想也。"

【译文】

发表前人没有发出过的议论,才是稀奇的书;说妻子儿女都难以说出的情感,才是亲密的朋友。

【评语译文】

孙恺似说:"前边两句话是张先生著书立说的才能。"

毕右万说:"稀奇的书我有几种,如果人们不想看怎么办?"

陆云士说:"《幽梦影》这本书所发表的都是前人没有说过的议论,所说的话都是很难用语言表达的情感,我也想说这类的话又怕雷同了,可以用来相互题词赠答。"

庞天池说:"前边一句是张先生的自我表白,后边一句是张先生的痴人说梦。"

密 友

一介之士必有密友,密友不必定是刎颈之交。大率虽千百里之遥,皆可相信,而不为浮言所动。闻有谤之者,即多方为之辩析而后已。事之宜行宜止者,代为筹画决断。或事当利害关头,有所需而后济者,即不必与闻,亦不虑其负我与否,竟为力承其事。此皆所谓密友也。

【评语】

殷日戒曰:"后段更见恳切周详,可以想见其为人矣。"

石天外曰:"如此密友,人生能得几个,仆愿心斋先生当之。"

【译文】

一个普通的人肯定会有亲密的朋友,亲密的朋友不一定是生死之交。大概即使相距千百里这么远,都可以相信并且不会因为流言蜚语所动摇。听到有诋毁自己朋友的人,立刻想办法替他辩解后才罢休。遇到应该去做或不应该去做的事情,代替朋友出谋划策。有时在事情的紧要关头,有所需要帮助然后解除困难的,当时不一定让朋友知道,也不担心将来他是否有负于自己,尽全力办好这件事。这都是所说的亲密朋友。

【评语译文】

殷日戒说:"后边一段言辞恳切周详,便可以想象到张先生的做人行事。"

石天外说:"像这样亲密的朋友,一生中能遇到几个呢?我愿意张先生做我的密友。"

难忘者名心一段

万事可忘,难忘者名心①一段;千般易淡,未淡者美酒三杯。

【评语】

张竹坡曰:"是闻鸡起舞②,酒后耳热气象。"

王丹麓曰:"予性不耐饮,美酒亦易淡,所最难忘者名耳。"

陆云士曰:"惟恐不好名,丹麓此言具见真处。"

【注释】

①名心:追求名利的心。②闻鸡起舞:比喻有志气的人及时奋起。

天下所有的事都可以忘记,只有求取名誉的心情不能忘怀;天下所有的事都容易淡忘,只有美酒三杯不能淡忘。

【评语译文】

张竹坡说:"这是听到鸡叫起来练剑,喝完酒耳边发热的现象。"

王丹麓说:"我生性不善于饮酒,美酒也容易淡忘,所最不能忘记的还是求取名誉的心啊。"

陆云士说:"唯恐不喜好追名逐利,丹麓这话最能看出真实的地方。"

芰荷可食而亦可衣

芰荷可食而亦可衣,金石^①可器而亦可服。

【评语】

张竹坡曰:"然后知濂溪不过为衣食计耳。"

王司直曰:"今之为衣食计者果似濂溪否?"

【注释】

① 金石:指金银玉石之类的东西。道教有炼丹之术,在炉鼎中烧炼金石药物,能够炼制长生不死的丹药。

【译文】

莲藕可以食用,叶子也可以做成衣服;金石可以制作器具,也可以炼丹服用。

【评语译文】

张竹坡说:"读完这段话后才知晓周敦颐喜爱莲花不过为了穿衣吃饭罢了。"

王司直说:"现在为了衣食之计的人真的像周敦颐一样喜爱莲花吗?"

宜于耳复宜于目者,弹琴吹箫也

宜于耳复宜于目者,弹琴也、吹箫也;宜于耳不宜于目者,吹笙也、擪管①也。

【评语】

李圣许曰:"宜于目不宜于耳者,狮子吼之美妇人②也;不宜于目并不宜于耳者,面目可憎、语言无味之纨袴子也。"

庞天池曰:"宜于耳复宜于目者,巧言令色也。"

【注释】

①擪(yè)管:按奏管乐器。擪,用手指按压。②狮子吼之美妇人:指凶悍又美丽的女人。

【译文】

适合听其音又适合赏其表演的是弹琴和吹箫;适合听其音不适合赏其表演的是吹笙和按奏管乐器。

【评语译文】

李圣许说:"好看不好听的是凶悍而又漂亮的女人;不好看也不好听的是面孔令人憎恶、言语粗俗的纨绔子弟。"

庞天池说:"好看又好听的是善于说好话的谄媚之人。"

晓　妆

看晓妆宜于傅粉之后。

【评语】

余淡心曰:"看晚妆不知心斋以为宜于何时?"

周冰持曰:"不可说,不可说。"

黄交三曰:"水晶帘下看梳头,不知尔时曾傅粉否?"

幽梦影

庞天池曰："看残妆宜于微醉后，然眼花撩乱矣。"

【译文】

欣赏早晨的梳妆打扮应当在涂了粉以后。

【评语译文】

余淡心说："欣赏晚上的装扮不知道张先生认为什么时候合适？"。

周冰持说："不可以说出来，不可以说出来。"

黄交三说："在水晶帘子外面观看梳头，不知道这时你有没有涂过粉？"

庞天池说："观看残妆应当在稍微喝醉以后，然而这时眼花缭乱看不真切。"

文章与锦绣，两者同出于一原

文章是有字句之锦绣，锦绣是无字句之文章，两者同出于一原。姑即粗迹论之，如金陵①、如武林②、如姑苏③，书林④之所在，即机杼⑤之所在也。

【评语】

袁翔甫补评曰："若兰回文⑥是有字句之锦绣也，落花水面是无字句之文章也。"

【注释】

①金陵：指南京。②武林：指杭州。③姑苏：指苏州。④书林：书店。⑤机杼：织机。⑥若兰回文：若兰指前秦窦滔的妻子苏蕙。苏蕙因丈夫被流放，为其织《回文璇玑图诗》。

【译文】

文章是由字句构成的锦绣，锦绣是没有字句的文章，二者的渊源是一样的。姑且从表面现象来看，像南京、杭州、苏州不仅是藏书的所在地，也是纺织业的所在地。

袁翔甫补评说:"苏蕙的《回文璇玑图诗》是有字句的锦绣,花瓣掉在水面上是无字句的文章。"

《千字文》中诗家常用之字未备

予尝集诸法帖字为诗。字之不复而多者,莫善于《千字文》①。然诗家目前常用之字,犹苦其未备。如天文之烟霞风雪,地理之江山塘岸,时令之春宵晓暮,人物之翁僧渔樵,花木之花柳苔萍,鸟兽之蜂蝶莺燕,宫室之台槛轩窗,器用之舟船壶杖,人事之梦忆愁恨,衣服之裙袖锦绮,饮食之茶浆饮酌,身体之须眉韵态,声色之红绿香艳,文史之骚赋题吟,数目之一三双半,皆无其字。《千字文》且然,况其他乎?

【评语】

黄仙裳曰:"山来此种诗竟似为我而设。"

顾天石曰:"使其皆备,则《千字文》不为奇矣。吾尝于千字之外另集千字而已,不可复得,更奇。"

【注释】

① 千字文:我国古代的蒙学课本。是以识字为主的综合性教材。

【译文】

我曾经收集很多书法字帖来写诗。字多而又不重复的没有比《千字文》更好的了。然而写诗的人目前经常用的字,还苦于它并不完备。像天文方面的烟霞风雪,地理方面的江山塘岸,时令方面的春宵晓暮,人物方面的翁僧渔樵,花木方面的花柳苔萍,鸟兽方面的蜂蝶莺燕,宫室方面的台槛轩窗,器用方面的舟船壶杖,人事方面的梦忆愁恨,衣服方面的裙袖锦绮,饮食方面的茶浆饮酌,身体方面的须眉韵态,声色方面的红绿香艳,文史方面的骚赋题吟,数目方面的一三双半,这些字《千字文》上都没有。《千字文》尚且这样,何况其他的字帖呢?

幽梦影

黄仙裳说："张先生这样的诗竟然好像是专门给我设计的。"

顾天石说："假如其他的字帖很完备，那么《千字文》就不算稀奇的了。我曾经在《千字文》之外另收集了一千个字，然而已经不能再得了，因此更加珍惜。"

花不可见其落

花不可见其落，月不可见其沉，美人不可见其夭。

【评语】

朱其恭曰："君言谬矣！洵如所云，则美人必见其发白齿豁而后快耶？"

【译文】

花朵不忍心看到它凋落，月亮不忍心看到它沉没，美人不忍心看到她短命而死。

【评语译文】

朱其恭说："张先生说错了！诚然像你说的那样，美人一定要看到她头发白了、牙齿脱落了才感到高兴吗？"

种花须见其开

种花须见其开，待月须见其满，著书须见其成，美人须见其畅适，方有实际，否则皆为虚设。

【评语】

王璞庵曰："此条与上条互相发明，盖曰花不可见其落耳，必须见其开也。"

【译文】

种花一定要看到它开放,赏月一定要看到它圆满,写书一定要看到书完成,美人一定要看到她欢畅舒适,这才算实际,否则都是虚设的。

【评语译文】

王璞庵说:"这一条与上面一条互相启发阐明,因为说花朵不能看见它凋落,就必须看到它开放。"

山居得乔松百余章

以松花为量①,以松实为香,以松枝为麈尾②,以松阴为步障③,以松涛为鼓吹。山居得乔松百余章,真乃受用不尽。

【评语】

施愚山曰:"君独不记曾有松多大蚁之恨耶?"

江含征曰:"松多大蚁,不妨便为蚁王。"

石天外曰:"坐乔松下如在水晶宫中,见万顷波涛总在头上,真仙境也。"

【注释】

①量:同"粮"。②麈(zhǔ)尾:拂尘。麈,在古书上指鹿一类的动物,尾巴能当作拂尘。③步障:用来遮挡风尘或障蔽内外的屏幕。

【译文】

把松树的花当作粮食,把松树的果实当作香烛,把松枝当作拂尘,把松树的树荫当作遮蔽风尘的屏障,把松涛当作吹奏的鼓乐。在山中隐居得到百余株高大的松树,真是享受不完啊。

【评语译文】

施愚山说:"张先生唯独不记得松树多的地方有许多大蚂蚁的怨恨呢!"

江含征说:"松树下常常有大蚂蚁,不如当个蚂蚁王。"

石天外说:"坐在高大的松树下就好像置身于水晶宫中一样,看到万

幽梦影

项波涛一直在头顶上,真是神仙的境地啊。"

赏　月

玩月之法,皎洁则宜仰观,朦胧则宜俯视。

【评语】

孔东塘曰:"深得玩月三昧①。"

王安节曰:"皎洁,则登高冈峻岭,抚孤松,歌咏以观之;朦胧,则游平陆,与一二密友话旧以观之,似宜之中更有所宜。"

【注释】

① 三昧:奥妙,诀窍。

【译文】

欣赏月亮的方法是,月色皎洁时适宜抬头欣赏,月光朦胧时适宜低头欣赏。

【评语译文】

孔东塘说:"深深体会到赏玩月亮的诀窍。"

王安节说:"月光皎洁时,就登上崇高的山岗,险峻的山岭,抚摸一棵孤独的松树,唱歌吟诗来观赏它;当月色朦胧时,就在平坦的地上游玩,同一两个亲密的朋友谈论往事来观赏它,似乎是适宜中更适宜的了。"

孩提之童,一无所知

孩提之童,一无所知。目不能辨美恶,耳不能判清浊,鼻不能别香臭。至若味之甘苦,则不第知之,且能取之弃之。告子①以甘食悦色为性,殆指此类耳。

【评语】

王子直曰:"可以不能者,天则听其不能;不可不能者,天即使之皆能。可见天之用心独周至。若告子之所谓食色,恐非此类。以五官之嗜好,皆本于性也。"

袁翔甫补评曰:"于禽兽又何异焉。"

【注释】

① 告子:战国时人,名不详。他提出性无善恶论,又说:"食色,性也。"

【译文】

襁褓中的幼童,什么都不知道。眼睛不能分辨美好与丑恶,耳朵不能判断声音的清越与混浊,鼻子不能辨别出是香的还是臭的。至于像味道的甜美还是苦涩,一尝便知道了,而且能够加以选择。告子把吃美好的食物和喜好美人儿作为人的本性,差不多说的就是这类人啊。

【评语译文】

王子直说:"可以不具备的能力,老天就任凭他没有;不可以不具备的能力,老天就让他拥有。可以看出老天的用心挺周到完备的。像告子所说的食欲和好色,恐怕不属于这一类。因为五官外貌的喜好,都是出于本性啊。"

袁翔甫补评说:"和禽兽相比又有什么区别呢?"

读书则不可不刻

凡事不宜刻,若读书则不可不刻;凡事不宜贪,若买书则不可不贪;凡事不宜痴,若行善则不可不痴。

【评语】

余淡心曰:"读书不可不刻,请去一读字,移以赠我,何如?"

张竹坡曰:"我为刻书累,请并去一不字。"

杨圣藻曰:"行善不痴是邀名矣。"

凡事都不能要求太苛刻，但如果读书就不能不刻苦了；凡事都不能有太多的贪念，但如果买书就不能不贪多了；凡事都不能太愚笨痴迷，但如果做善事就不能不专注沉迷了。

【评语译文】

余淡心说："读书不可不刻，请删去一个'读'字，变成书不可不刻，转赠给我，怎么样？"

张竹坡说："我因为刻书很累，请再删掉一个'不'字，变成书可不刻。"

杨圣藻曰："做善事不专注就是只追求名声啊。"

酒可好，不可骂座

酒可好，不可骂座；色可好，不可伤生；财可好，不可昧心；气可好，不可越理。

【评语】

袁中江曰："如灌夫^①使酒，文园^②病肺，昨夜南塘一出，马上挟章台柳^③归，亦自无妨。觉愈见英雄本色也。"

王宓草曰："可以立品，可以养生，可以治心。"

【注释】

①灌夫：字仲孺，西汉颍阴（今河南许昌）人。因酒误事，被诛。②文园：司马相如，字长卿，汉成都人。善于写赋。他患有虚痨消渴症。③章台柳：唐代韩翃有姬柳氏，安史之乱时两人奔散，柳出家为尼。后柳氏被蕃将沙咤利所劫，韩翃用虞候许俊计夺还，终于团圆。

【译文】

可以好酒，但不能辱骂同席的人；可以好色，但不能纵欲过度损害身体；可以好财，但不能违背良心；可以好意气，但不能不合情理。

【评语译文】

袁中江说："像灌夫喝醉了骂人，司马相如贪色伤身，唐代韩翃用计赚出姬妾柳氏后携其回家,也自然没有妨碍。反而越能显出英雄的本来面目。"

王宓草说:"此番议论,可以树立品格,可以颐养生命,增强体质,可以治疗心病。"

清闲可以当寿考

文名可以当科第,俭德可以当货财,清闲可以当寿考。

【评语】

聂晋人曰:"若名人而登甲第,富翁而不骄奢,寿翁而又清闲,便是蓬壶三岛^①中人也。"

范汝受曰:"此亦是贫贱文人无所事事自为慰藉云耳,恐亦无实在受用处也。"

曾青藜曰:"'无事此静坐,一日似两日。若活七十年,便是百四十。'此是'清闲当寿考'注脚。"

石天外曰:"得老子^②退一步法。"

顾天石曰:"予生平喜游,每逢佳山水辄留连不去,亦自谓可当园亭之乐,质之心斋以为然否?"

【注释】

① 蓬壶三岛:古代传说东海有蓬莱、方丈、瀛洲三山,是神仙居住的地方,山形像壶,故称。② 老子:即老聃。春秋战国时期楚国人。相传著《道德经》五千余言。

【译文】

以文章而闻名的人可以参加科举考试,取得功名,有节俭的品德的人可以赚得钱财货物,清净悠闲的人可以延长寿命。

【评语译文】

聂晋人说:"如果有名望的人科举中第、家中富贵的人不骄淫奢侈、年高长寿的人清净悠闲,就是蓬莱三岛中的仙人。"

范汝受说："这也是贫穷低贱的读书人无事可做,自己安慰自己罢了,恐怕也没有实实在在能够用得上的地方。"

曾青藜说："'无事此静坐,一日似两日。若活七十年,便是百四十。'这首诗就是'清闲当寿考'的注解。"

石天外说："这种说法深得老聃后退一步的意思。"

顾天石说："我生平喜欢游玩,每当遇到秀丽的山水景致总是流连不愿离去,自己也把它当作园林亭榭的乐趣,请问张先生是不是这样认为呢?"

无益之施舍,莫过于斋僧

无益之施舍,莫过于斋僧;无益之诗文,莫甚于祝寿。

【评语】

张竹坡曰:"无益之心思,莫过于忧贫;无益之学问,莫过于务名。"

殷简堂曰:"若诗文有笔资,亦未尝不可。"

庞天池曰:"有益之施舍,莫过于多送我《幽梦影》几册。"

【译文】

没有好处的施舍,莫过于把饭食施舍给僧人;没有好处的诗词文章,莫过于为祝贺寿诞所写的文章。

【评语译文】

张竹坡说:"没有好处的心思,莫过于忧虑贫困;没有好处的学问,莫过于求取功名。"

殷简堂说:"如果写祝贺寿诞的诗词文章有报酬,也没有什么不可以的。"

庞天池说:"有好处的施舍,莫过于多送给我几本《幽梦影》。"

忙人园亭和闲人园亭

忙人园亭宜与住宅相连，闲人园亭不妨与住宅远。
【评语】
张竹坡曰："真闲人必以园亭为住宅。"

【译文】
忙碌的人园林亭榭与住宅相连接；清闲的人园林亭榭不妨与住宅距离远一些。
【评语译文】
张竹坡说："真正清闲的人一定把园林亭榭作为住宅。"

酒可以当茶，茶不可以当酒

酒可以当茶，茶不可以当酒；诗可以当文，文不可以当诗；曲可以当词，词不可以当曲；月可以当灯，灯不可以当月；笔可以当口，口不可以当笔；婢可以当奴，奴①不可以当婢。
【评语】
江含征曰："婢当奴则太亲，吾恐忽闻河东狮子吼耳。"
周星远曰："奴亦有可以当婢处，但未免稍逊耳。近时士大夫往往耽此癖，吾辈驰骛②之流，盗此虚名亦欲效颦相尚，滔滔者天下皆是也，心斋岂未识其故乎？"
张竹坡曰："婢可以当奴者，有奴之所有者也；奴不可以当婢者，有婢之所同有，无婢之所独有者也。"
弟木山曰："兄于饮食之顷，恐月不可以当灯。"
余湘客曰："以奴当婢，小姐权时落后也。"
宗子发曰："惟帝王家不妨以奴当婢，盖以有阉割法也。每见

幽梦影

人家奴子出入主母卧房，亦殊可虑。"

【注释】

① 奴：男仆。② 驰骛：奔走。

【译文】

酒可以当成茶，茶不可以当成酒；诗可以当成文章，文章不可以当成诗；乐曲可以当成词，词不可以当成乐曲；月亮可以当成灯，灯不可以当成月亮；笔可以当成口，口不可以当成笔；婢女可以当成男仆，男仆不可以当成婢女。

【评语译文】

江含征说："把婢女当成男仆就太亲近了，我担心忽然听到妻妾的怒骂声。"

周星远说："男仆也有当成婢女的地方，但不免稍稍逊色。最近一段时期士大夫们往往沉溺于这种嗜好，我们这辈人中那些奔走的人，盗取这种虚名也纷纷效仿，像滔滔的江水一样多，张先生难道没有看出其中的缘故吗？"

张竹坡说："婢女可以当成男仆的人，具有做奴仆的共同点；男仆不能够当成婢女的人，有婢女的共同点，没有婢女独特的地方。"

弟木山说："张兄在吃饭的时候，恐怕不能把月亮当成灯。"

余湘客说："把男仆当成婢女，小姐也暂且落后了啊。"

宗子发说："只有帝王家没有什么不可以把男仆当成婢女的，因为具有阉割法。每次看到别人家的男仆出入女主人的卧室时，也特别担忧。"

好酒者，未必尽属能诗

多情者必好色，而好色者，未必尽属多情；红颜者必薄命，而薄命者，未必尽属红颜；能诗者必好酒，而好酒者，未必尽属能诗。

【评语】

张竹坡曰："情起于色者，则好色也，非情也。祸起于颜色者，

幽梦影

74

则薄命在红颜,否则亦止曰命而已矣。"

洪秋士曰:"世亦有能诗而不好酒者。"

【译文】

情感丰富的人肯定贪图女色,但贪恋女色的人,不一定都是多情的人;姿容靓丽的女子肯定生命短暂,但命运不好的人,不一定都是姿容靓丽的女子;能够写诗的人肯定喜好饮酒,但贪恋美酒的人不一定都能做诗。

【评语译文】

张竹坡说:"看到女子漂亮动情的,这是好色不是感情。灾祸由漂亮的容貌引起,这是红颜薄命,如果不是这样也只能说命中注定。"

洪秋士说:"世上也有能写诗却不贪恋美酒的人。"

梅令人高,兰令人幽

梅令人高,兰令人幽,菊令人野,莲令人淡,春海棠令人艳,牡丹令人豪,蕉与竹令人韵,秋海棠令人媚,松令人逸,桐令人清,柳令人感。

【评语】

张竹坡曰:"美人令众卉皆香,名士令群芳俱舞。"

尤谨庸曰:"读之惊才绝艳,堪采入《群芳谱》^①中。"

吴宝崖曰:"《幽梦影》令人韵。"

陈留溪曰:"心斋种种著作,皆能令人馋。"

【注释】

①《群芳谱》:全称《二如堂群芳谱》,由明代王象晋撰。共三十卷,分类记谱,详于艺文,略于种植。

【译文】

梅花使人高尚脱俗,兰花使人幽静娴雅,菊花使人质朴,莲花使人恬淡,春海棠使人娇艳,牡丹使人豪放,芭蕉和竹子使人韵致,秋海棠使人明媚,松树使人超逸脱俗,桐树使人凄清孤高,柳树使人感动。

【评语译文】

张竹坡说:"漂亮的女子使众多的花卉生香,高雅的名士使众多美丽的花起舞。"

尤谨庸说:"读了它惊讶其才华,足以采纳进《群芳谱》中。"

吴宝崖说:"《幽梦影》使人有韵味。"

陈留溪说:"张先生的种种著作都能让人羡慕。"

感人之物

物之能感人者,在天莫如月,在乐莫如琴,在动物莫如鹃,在植物莫如柳。

【评语】

王宓草曰:"于垂柳下对月弹琴,或闻杜鹃啼数声,此时令人百感交集。"

袁翔甫补评曰:"问之物而物不知其所以然也,问之人而人亦不知其何以故也。"

【译文】

能感动人的事物,在天上的莫过于月亮,在乐器中莫过于古琴,在动物中莫过于杜鹃,在植物中莫过于垂柳。

【评语译文】

王宓草说:"在垂柳下面对月亮弹琴,时而听到杜鹃几声啼叫,这时人的各种感情都涌上心头。"

袁翔甫补评说:"向物询问,物什么都不知道;向人询问,人也不知道什么缘故。"

清高固然可嘉,莫流于不识时务

涉猎虽曰无用,犹胜于不通古今;清高固然可嘉,莫流于不识时务。

【评语】

黄交三曰:"南阳^①抱膝^②时,原非清高者可比。"

江含征曰:"此是心斋经济^③语。"

张竹坡曰:"不合时宜则可,不达时务奚其可?"

尤悔庵曰:"名言名言。"

【注释】

①南阳:代指诸葛亮。②抱膝:手抱膝而坐,思考问题。这里指隐居。③经济:经国济民。

【译文】

读书广泛浅尝辄止虽说没有用,但还是比那些不懂得古今的人强;清廉高尚虽然值得嘉奖,但不要流于不识时务。

【评语译文】

黄交三说:"诸葛亮隐居时,并不是清廉高尚的人能够比拟的。"

江含征说:"这是张先生经国济民的说法。"

张竹坡说:"不合乎当时的需要还可以,不通晓当世时事又怎么行呢?"

尤悔庵说:"名言名言。"

美 人

所谓美人者,以花为貌,以鸟为声,以月为神,以柳为态,以玉为骨,以冰雪为肤,以秋水为姿,以诗词为心,吾无间然矣^①。

冒辟疆曰："合古今灵秀之气,庶几铸此一人。"

江含征曰："还要有松檗^②之操才好。"

黄交三曰："论美人而曰以诗词为心,真是闻所未闻。"

【注释】

① 吾无间然矣:我没有什么可挑剔的了。② 檗(bò):即黄檗,木名。或作"蘗"。

【译文】

所谓漂亮的人,要有花儿一样的容貌,鸟儿一样的声音,月亮一样的神情,柳树一样婀娜多姿,玉石一样的骨骼,冰雪一样的肌肤,像秋水一样明净清澈,有一颗诗词一样多情的心,如果拥有这些品质,我就没有什么可挑剔的了。

【评语译文】

冒辟疆说:"这样的美人集合了古今的灵秀气息,差不多铸为一人。"

江含征说:"还应该具有松柏不畏严寒的品行才好。"

黄交三说:"评论美人要有诗词般多情的心,真是从来没有听说过的。"

蝇 蚊

蝇集人面,蚊嘬^①人肤,不知以人为何物。

【评语】

陈康畴曰："应是头陀^②转世,意中但求布施也。"

释菌人曰："不堪道破。"

张竹坡曰："此南华^③精髓也。"

尤悔庵曰："正以人之血肉,只堪供蝇蚊咀嚼耳。以我视之,人也,自蝇蚊视之,何异腥膻臭腐乎!"

陆云士曰："集人面者,非蝇而蝇;嘬人肤者,非蚊而蚊。明知其为人也,而集之嘬之,更不知其以人为何物。"

【注释】

①嘬(zuō):聚缩嘴唇而吸取。这里指叮咬。②头陀:行脚乞食的和尚。③南华:即《南华经》,又叫《南华真经》,是《庄子》的别称。唐天宝元年二月号庄子为南华真人,因此他所著的书又称《南华真经》。

【译文】

苍蝇喜欢聚集在人的脸上,蚊子喜欢叮咬人的皮肤,不知道它们把人当成什么了。

【评语译文】

陈康畴说:"应该是行脚乞食的和尚转世而来,意愿中只求人舍施罢了。"

释菌人说:"不能够说破。"

张竹坡说:"这正是《南华经》的精髓呀。"

尤悔庵说:"正是因为人的血肉,只能让苍蝇和蚊子咀嚼。在我看来是人,在苍蝇、蚊子看来,与腥膻臭腐没有什么区别?"

陆云士说:"聚集在人脸上的,不是苍蝇却像苍蝇;叮咬人皮肤的,不是蚊子却像蚊子。明明知道他是人,却聚集在他的脸上、叮咬他的皮肤,更不知道他们把人当成什么了。"

有山林隐逸之乐而不知享

有山林隐逸之乐而不知享者,渔樵也、农圃也、缁黄①也;有园亭姬妾之乐而不能享、不善享者,富商也、大僚也。

【评语】

弟木山曰:"有山珍海味而不能享者,庖人也;有牙签玉轴②而不能读者,蠹鱼也、书贾也。"

① 缁黄:代指僧道。和尚穿缁衣,即黑色衣服;道士戴黄冠,合称缁黄。② 牙签玉轴:象牙制作的图书标签,玉石制作的书画卷轴,都是非常贵重的文化用品。用来代指书籍。

【译文】

拥有在山林隐居快乐而不知道享受的人,有渔夫、樵夫、种菜的农夫、僧人、道士;拥有园林亭榭、姬妾的快乐而不能够享受的人、不善于享受的人,有富贵的商人、官僚子弟。

【评语译文】

弟木山说:"拥有珍稀美食却不能享受的人是厨师;拥有宝贵书籍却不能读的人是蛀虫和书商。"

物各有偶,拟必于伦

黎举云:"欲令梅聘海棠,枨子(橙)臣①樱桃,以芥嫁笋,但时不同耳。"予谓物各有偶,拟必于伦。今之嫁娶,殊觉未当。如梅之为物,品最清高,棠之为物,姿极妖艳,即使同时,亦不可为夫妇。不若梅聘梨花,海棠嫁杏,橼②臣佛手,荔枝臣樱桃,秋海棠嫁雁来红,庶几相称耳。至若以芥嫁笋,笋如有知,必受河东狮子之累矣。

【评语】

弟木山曰:"余尝以芍药为牡丹后,因作贺表一通。兄曾云,但恐芍药未必肯耳。"

石天外曰:"花神有知,当以花果数升谢蹇修③矣。"

姜学在曰:"雁来红做新郎,真个是老少年④也。"

【注释】

① 臣:奴隶。男曰臣,女曰妾。② 橼(yuán):枸橼,即香橼。果实可入药。③ 蹇(jiǎn)修:代称媒人。④ 老少年:即雁来红。

黎举说:"想让梅花聘娶海棠,橙子成为樱桃的丈夫,让芥菜嫁给竹笋,但可惜的是时令不同啊。"我说事物各自都有配偶,匹配时一定要合乎天理。现在这么搭配,突然觉得不合适。像梅花这种事物,品质最清正高洁,海棠这种事物,姿态特别妖冶艳丽,即使在同一时令,也不能成为夫妇。不如梅花与梨花订婚,海棠嫁给杏花,枸橼成为佛手的丈夫,荔枝成为樱桃的丈夫,秋海棠嫁给雁来红,这样就差不多匹配了啊。至于如果让芥菜嫁给竹笋,竹笋如果有感知,一定受泼妇的拖累了。

【评语译文】

弟木山说:"我曾经让芍药成为牡丹的王后,并为此写了一篇贺词。张兄曾经说,恐怕芍药不见得会答应啊。"

石天外说:"司花之神有知觉的话,当该用数升花果礼品感谢媒人了。"

姜学在说:"让雁来红做新郎,真正是个老顽童啊。"

惟黑与白无太过

五色^①有太过,有不及,惟黑与白无太过。

【评语】

杜茶村曰:"君独不闻唐有李太白^②乎?"

江含征曰:"又不闻'元^③之又元'乎?"

尤悔庵曰:"知此道者,其惟弈乎?老子曰:'知其白,守其黑'"

【注释】

① 五色:原指青、黄、赤、白、黑,也泛指各种颜色。② 李太白:即唐代诗人李白,字太白,陇西成纪人。有《李太白集》三十卷。③ 元:本作"玄",即"玄之又玄",清代避圣祖(玄烨)讳改。本指深奥、神妙,这里借指黑色。

【译文】

各种颜色有超过限度的地方,也有达不到的地方,只有黑色和白色

幽梦影

没有超过限度的地方。

【评语译文】

杜茶村说:"你唯独没听说过唐代有李太白吗?"

江含征说:"又没听说过'玄之又玄'吗?"

尤悔庵说:"懂得这方面学问的,只有围棋吧?老子说:'知晓白方,固守黑方。'"

人生必有一桩极快意事

阅《水浒传》,至鲁达打镇关西、武松打虎。因思,人生必有一桩极快意事,方不枉在生一场。即不能有其事,亦须著得一种得意之书,庶几无憾耳。(如李太白有贵妃捧砚[①]事,司马相如有卓文君当垆[②]事,严子陵有足加帝腹[③]事,王涣、王昌龄有旗亭画壁[④]事,王子安[⑤]有顺风过江作《滕王阁序》事之类。)

【评语】

张竹坡曰:"此等事必须无意中方做得来。"

陆云士曰:"心斋所著得意之书颇多,不止一打快活林、一打景阳岗称快意矣。"

弟木山曰:"兄若打中山狼[⑥]更极快意。"

【注释】

①贵妃捧砚:李白性格豪放不羁,一次唐明皇与杨贵妃在沉香亭赏牡丹,召李白作诗,李白大醉,迫使高力士拂纸磨墨,杨贵妃捧砚,写诗十余章。②文君当垆:卓文君私奔司马相如后,由于家贫,二人到卓文君家乡开酒店,由卓文君卖酒。③足加帝腹:严子陵,严光,字子陵,东汉会稽余姚(今属浙江)人。曾与刘秀是同学,睡觉时把脚放在皇帝刘秀肚子上,刘秀并未追究。④旗亭画壁:唐代诗人王之涣、王昌龄等人在旗亭(酒楼)饮酒,听歌妓唱各人的诗歌,每唱一首在壁上画一下做记号,看谁的诗被唱得多。⑤王子安:王勃,字子安,绛州龙江人。唐代文学家。初唐四杰

之一。二十七岁时顺风过江遇都督阎公大会宾客，写下名篇《滕王阁序》。

⑥ 中山狼：明代马中锡《中山狼传》中的角色。东郭先生救狼的故事，寓意要防备像中山狼那样恩将仇报、本质凶恶的人。

【译文】

阅读《水浒传》，到鲁达智打镇关西和武松打虎处。因此想到人生一定要有一件极其畅快的事，才算没白活一场。即使不能有这样畅快的事，也一定要写一部得意的书，这样就差不多没有遗憾了啊。（像李白醉酒让杨贵妃捧砚的事；司马相如和卓文君开店卖酒的事；严光把脚放在皇帝刘秀肚子上的事；王之涣、王昌龄把歌妓演唱自己的诗词刻在墙壁上做记号的事；王勃顺风过江写《滕王阁序》的事，等等。）

【评语译文】

张竹坡说：“这样的事一定是在没有准备的时候才能做出来。”

陆云士说：“张先生所写的得意之作很多，他不仅只有一打快活林、一打景阳岗这样一件快活的事啊。”

弟木山说：“张兄如果去打凶恶残暴的中山狼就更快乐了。”

四季风

春风如酒，夏风如茗，秋风如烟，冬风如姜芥。

【评语】

许筠庵曰：“所以秋风客气① 味狠辣。”

张竹坡曰：“安得东风② 夜夜来。”

【注释】

① 客气：言行虚骄，一点儿不真诚。② 东风：即春风。

【译文】

春风像酒一样使人心旷神怡，夏风像茶一样消暑提神，秋风像烟一样萧瑟清冷，冬风像姜和芥末一样辛辣难当。

幽梦影

许筠庵说:"因此秋风虚骄辛辣。"

张竹坡说:"希望东风每夜都来。"

鸟　声

鸟声之最佳者,画眉第一,黄鹂、百舌①次之,然黄鹂、百舌世未有笼而畜之者。其殆高士之俦②,可闻而不可屈者耶。

【评语】

江含征曰:"又有'打起黄莺儿'③者,然则亦有时用他不着。"

陆云士曰:"'黄鹂住久浑相识,欲别频啼四五声。'来去有情,正不必笼而畜之也。"

【注释】

①百舌:一种鸟,即反舌,也称鹧鸪。因其鸣声反复如百鸟之音,故名。②俦(chóu):同伴,伴侣。③打起黄莺儿:源自唐代金昌绪诗《春怨》:"打起黄莺儿,莫教枝上啼。啼时惊妾梦,不得到辽西。"

【译文】

鸟儿的声音最好听的,画眉排第一,黄鹂、百舌鸟排第二,但是黄鹂、百舌鸟世上没有用笼子关起来人工喂养的。它们差不多与高人隐士同类,只能听到它们的声音却不能让它们屈尊啊。

【评语译文】

江含征说:"然而还有'打起黄莺儿'的人,看来也有时用不到它。"

陆云士说:"与黄鹂相处久了好像就熟识了,分别时频频鸣叫四五声。归来离去都有感情,正好就不用笼子关起来喂养它。"

专务交游,其后必致累己

不治生产,其后必致累人;专务交游,其后必致累己。

杨圣藻曰："晨钟夕磬,发人深省。"

冒巢民曰："若在我虽累己累人亦所不悔。"

宗子发曰："累己犹可,若累人则不可矣。"

江含征曰："今之人未必肯受你累,还是自家隐些的好。"

【译文】

不治理谋生的产业,这种后果肯定会使他人受害;专门去交结朋友,这样做肯定会牵累自己。

【评语译文】

杨圣藻说："寺院早晨报时的钟声、晚上和尚敲击铜乐器的声音,能够让人深思警醒。"

冒巢民说："如果对我来说,即使牵累自己或使别人受害也不后悔。"

宗子发说："牵累自己还行,如果使别人受害就不好了。"

江含征说："现在的人不一定肯受到你的牵累,还是自己隐蔽些好。"

善读书者与善游山水者

善读书者,无之而非书。山水亦书也,棋酒亦书也,花月亦书也。善游山水者,无之而非山水。书史亦山水也,诗酒亦山水也,花月亦山水也。

【评语】

陈鹤山曰："此方是真善读书人,善游山水人。"

黄交三曰："善于领会者当作如是观。"

江含征曰："五更卧被时有无数山水书籍在眼前胸中。"

尤悔庵曰："山耶、水耶、书耶,一而二,二而三,三而一者也。"

陆云士曰："妙舌如环,真慧业文人 [①] 之语。"

① 慧业文人：即生来就有智慧业缘会做文章的读书人。慧业,佛教指生来就有智慧的业缘。

【译文】

善于读书的人,所看到的东西没有不是书的。山水是书,棋、酒也是书,花儿、月亮也是书。善于游览山水的人,所看到的东西没有不是山水的。史书是山水,诗和酒也是山水,花儿和月亮也是山水。

【评语译文】

陈鹤山说:"这才是真正喜欢读书的人,喜欢游览山水的人。"

黄交三说:"善于心领神会的人,才会有这样的认识。"

江含征说:"五更天在睡梦中时有无数的山水、书籍在眼前和胸中浮现。"

尤悔庵说:"山啊、水啊、书啊,从一到二,从二到三,三者最终合为一。"

陆云士说:"巧舌如簧,妙语连珠,真是生来就有智慧业缘会做文章的读书人说的话。"

园亭之妙,在丘壑布置

园亭之妙,在丘壑布置,不在雕绘琐屑。往往见人家园亭,屋脊墙头,雕砖镂瓦,非不穷极工巧。然未久即坏,坏后极难修葺。是何如朴素之为佳乎!

【评语】

江含征曰:"世间最令人神怆①者,莫如名园雅墅一经颓废,风台月榭埋没荆棘,故昔之贤达有不欲置别业者。予尝《过琴虞留题名园》句有云:'而今绮砌雕阑在,剩与园丁作业钱。'盖伤之也。"

弟木山曰:"予尝悟作园亭与作光棍二法:园亭之善在多迴廊,光棍之恶在能结讼。"

① 怆:悲伤,难过。

【译文】

园林亭榭妙在构思安排,不在那些细小地方的雕刻彩绘。经常看到别人家的庭院,屋脊墙头的砖瓦雕刻得非常细致精巧。但时间不长就坏了,损坏后很难再修复。这样还不如朴素些的好啊!

【评语译文】

江含征说:"世上最让人悲伤的,莫过于有名的园林别墅荒废,楼台亭榭埋没在野草荆棘中,一派颓废的景象。所以过去有贤德的人不愿置办住所以外的住所。我曾经在《过琴虞留题名园》诗中说:'而今绮砌雕阑在,剩与园丁作业钱。'为此感伤啊。"

弟木山说:"我曾经领悟到建庭院和做光棍的法则:园亭最美妙的地方是众多曲折回转的长廊,光棍最可恶的是用卑劣的手段与人了结诉讼。"

清宵独坐,邀月言愁

清宵独坐,邀月言愁;良夜孤眠,呼蛩①语恨。

【评语】

袁士旦曰:"令我百端交集。"

黄孔植曰:"此逆旅无聊之况,心斋亦知之乎?"

【注释】

① 蛩(qióng):蟋蟀。

【译文】

清静的夜晚一个人静坐,邀请月亮诉说忧愁;美好的夜晚一个人睡觉,呼唤蟋蟀倾诉怨恨。

【评语译文】

袁士旦说:"使我各种感情一起涌上心头。"

黄孔植说："这是在旅途中无聊时的情况,张先生也知道这种情景吗?"

官声采于舆论

官声采于舆论,豪右①之口与寒乞之口俱不得其真;花案②定于成心③,艳媚之评与寝陋④之评,概恐失其实。

【评语】

黄九烟曰："先师有言:'不如乡人之善者好之,其不善者恶之。'"

李若金曰："豪右而不讲分上⑤,寒乞而不望推恩者,亦未尝无公论。"

倪永清曰："我谓众人唾骂者,其人必有可观。"

【注释】

①豪右:势力强大的家族。②花案:旧指评定妓女名次的名单。③成心:偏见,成见。④寝陋:丑陋。⑤分上:情分、情面。

【译文】

官方的声音是从人民大众的心声中搜集来的,从豪门大族和贫寒乞丐口中都得不到真实的情况;花案取决于制作者的成见,过分的夸奖和浅陋的评价,恐怕是不真实的。

【评语译文】

黄九烟说："孔子说:'应该是乡中善良的人都喜欢他,不善良的人都讨厌他。'"

李若金说："豪强大族却不讲情面,贫寒乞丐却不指望施加恩惠的人,也不一定没有公正的议论。"

倪永清说："我说被众人唾骂的人,这人肯定有值得欣赏的地方。"

胸藏丘壑,城市不异山林

胸藏丘壑,城市不异山林;兴寄烟霞,阎浮①有如蓬岛。

【评语】

袁翔甫补评曰："'旷达'二字由于天性，先生之风，山高水长。"

【注释】

① 阎浮：梵语，树名。借指人间世俗。

【译文】

心胸中有山林丘壑，虽然在城市与隐居山林也没什么不同；兴致寄托于烟雾霞光，虽然在人间却仿佛生活在蓬莱仙岛。

【评语译文】

袁翔甫补评说："'旷达'二字是出于天性，张先生高洁的风格像高山流水般长存。"

喜读书者不以忙闲作辍

多情者不以生死易心，好饮者不以寒暑改量，喜读书者不以忙闲作辍。

【评语】

朱其恭曰："此三言者皆是心斋自为写照。"

王司直曰："我愿饮酒读《离骚》，至死方辍，何如？"

【译文】

注重感情的人不因活着还是死去而变心，喜好喝酒的人不因天气严寒还是酷热而改变数量，喜欢读书的人不因忙碌还是悠闲而停止前进。

【评语译文】

朱其恭说："这三句话都是张先生的自我写照。"

王司直说："我愿意边喝酒边读《离骚》，直到死才停止，怎么样？"

豪杰易于圣贤

豪杰易于圣贤,文人多于才子。

【评语】

张竹坡曰:"豪杰不能为圣贤,圣贤未有不豪杰,文人才子亦然。"

【译文】

成为才智出众的人比圣贤的人容易,文人雅士比有才华的人多。

【评语译文】

张竹坡说:"才智出众的人不能成为圣贤的人,但圣贤的人没有不才智出众的,文人雅士与有才华的人也是这样。"

牛与马,一仕而一隐也

牛与马,一仕而一隐也;鹿与豕^①,一仙而一凡也。

【评语】

杜茶村曰:"田单^②之火牛亦曾效力疆场,至马之隐者则绝无之矣,若武王^③归马于华山之阳,所谓勒令致仕者也。"

张竹坡曰:"谚云:莫与儿孙作马牛。盖为后人审出处语也。"

【注释】

① 豕(shǐ):猪。② 田单:战国时齐将。齐燕交战时,他驱赶着火的牛攻入敌阵,大获全胜。③ 武王:即周武王。他联合各族力量大战于牧野,灭商。建立周朝后,"纵马于华山之阳,放牛于桃林之虚;偃干戈,振兵释旅,示天下不复用也"。见《史记·周本纪》。

【译文】

牛和马,一个是做官一个是隐居;鹿和豕,一个是仙品,一个是凡品。

【评语译文】

杜茶村说："田单驱赶着火的牛也曾在战场上效力,至于马这位隐士绝对不会经历这种事。像周武王在华山向阳的地方放马,就是命令它辞官隐居。"

张竹坡说："谚语说:不要替儿女做马牛。大概是后人研究的依据。"

才 情

情之一字,所以维持世界;才之一字,所以粉饰乾坤。

【评语】

吴雨若曰："世界原从情字生出,有夫妇然后有父子,有父子然后有兄弟,有兄弟然后有朋友,有朋友然后有君臣。"

释中洲曰："情与才缺一不可。"

【译文】

情这个字,是用来维系世界的;才这个字,是用来装扮乾坤的。

【评语译文】

吴雨若说："世界原本是从情字生成的,有情才能成为夫妻,有了夫妻才会有父和子,有了父和子才会有兄弟,有了兄弟才会有朋友,有了朋友才会有君主和臣子。"

释中洲曰："情感和才能缺一个也不行。"

有青山方有绿水

有青山方有绿水,水惟借色于山;有美酒便有佳诗,诗亦乞灵于酒。

【评语】

李圣许曰："有青山绿水,乃可酌美酒而咏佳诗,是诗酒又发端于山水也。"

91

【译文】

有青山才会有绿水,水的绿只有借于山;有美酒便会有好诗,诗的灵感源于酒。

【评语译文】

李圣许说:"有了青山绿水,才能喝美酒吟好诗,这是诗和酒又发生于山水中啊。"

人·禽·兽

人则女美于男,禽则雄华于雌,兽则牝牡^①无分者也。

【评语】

杜于皇曰:"人亦有男美于女者,此尚非确论。"

徐松之曰:"此是茶村兴到^②之言,亦非定论。"

【注释】

① 牝(pìn)牡:牝,雌性的兽;牡,雄性的兽。② 茶村兴到:喝茶后的兴致。

【译文】

在人类中女的比男的漂亮,在禽类中雄的比雌的羽毛华美,在兽类中雌性和雄性的美丑没有区别。

【评语译文】

杜于皇说:"人类也有男人比女人漂亮的,这一点还不是明确的定论。"

徐松之说:"这些是饮茶后的兴致言论,也不能作为定论。"

剑不幸而遇庸将

镜不幸而遇嫫母^①,砚不幸而遇俗子,剑不幸而遇庸将,皆无可奈何之事。

杨圣藻曰："凡不幸者皆可以此概之。"

闵宾连曰："心斋案头无一佳砚,然诗文绝无一点尘俗气,此又砚之大幸也。"

曹冲谷曰："最无可奈何者,佳人定随痴汉。"

【注释】

① 嫫母:古代传说中丑陋的女人。

【译文】

镜子不幸遇到丑陋的女人,砚台不幸遇到庸俗的人,宝剑不幸遇到庸俗的将士,这都是没有办法的事啊。

【评语译文】

杨圣藻说："凡是不幸的都可以这样概括。"

闵宾连说："张先生的书案上没有一方好砚台,但写的诗词文章绝对没有半点平庸的气味,这又是砚台很大的幸运啊。"

曹冲谷说："最没有办法的事是,漂亮的女人一定要嫁给痴傻的男人。"

天下无书则已,有则必当读

天下无书则已,有则必当读;无酒则已,有则必当饮;无名山则已,有则必当游;无花月则已,有则必当赏玩;无才子佳人则已,有则必当爱慕怜惜。

【评语】

弟木山曰："谈何容易,即吾家黄山几能得一到耶?"

【译文】

天下没有书就罢了,有的话就一定要读;没有酒就罢了,有的话就一定要喝;没有名山就罢了,有的话就一定要去攀登;没有鲜花和月亮就罢

幽梦影

93

了,有的话就一定要欣赏;没有才子和美人就罢了,有的话就一定要爱慕怜惜。

【评语译文】

弟木山说:"说起来哪有这么简单,即使是我们家乡的黄山又什么时候能去玩呢?"

搦管拈毫,岂可甘作鸦鸣牛喘

秋虫春鸟,尚能调声弄舌,时吐好音。我辈搦管拈毫①,岂可甘作鸦鸣牛喘②?

【评语】

吴园次曰:"牛若不喘,宰相安肯问之?"

张竹坡曰:"宰相不问科律而问牛喘,真是文章司命③。"

倪永清曰:"世皆以鸦鸣牛喘为凤歌鸾唱,奈何?"

【注释】

① 搦(nuò)管拈毫:本指握笔,以此借喻执笔为文。搦,握,拿着。② 牛喘:牛因热而气喘。③ 司命:神名。

【译文】

秋天的昆虫春天的鸟儿,还能够调整音调鼓弄口舌,不时地发出动听的声音。我们拿笔写文章的人,怎能只甘心作出像乌鸦叫、牛喘气那样拙劣的文章呢?

【评语译文】

吴园次说:"牛如果不喘气,宰相又怎会问它呢?"

张竹坡说:"宰相不问法令却问牛喘气,真是会做文章的小神。"

倪永清说:"世上的人都把乌鸦叫、牛喘气当作凤凰和鸾鸟在唱歌,怎么办呢?"

媸颜陋质，不与镜为仇

媸颜陋质 ①，不与镜为仇者，亦以镜为无知之死物耳。使镜而有知，必遭扑破矣。

【评语】

江含征曰："镜而有知，遇若辈早已回避矣。"

张竹坡曰："镜而有知，必当化媸为妍。"

【注释】

① 媸（chī）颜：容貌丑陋。

【译文】

容貌丑陋、资质粗劣不把镜子当作仇人，也是因为把镜子当成了没有生命的东西。如果镜子有知觉，一定会被摔碎。

【评语译文】

江含征说："如果镜子有知觉，遇到这类容貌丑陋的人早就回避了。"

张竹坡说："如果镜子有知觉，一定要把面貌丑陋的人变漂亮。"

论作文之裁制

作文之法，意之曲折者，宜写之以显浅之词。理之显浅者，宜运之以曲折之笔。题之熟者，参之以新奇之想。题之庸者，深之以关系之论。至于窘 ①者舒之使长，缛 ②者删之使简，俚者文之使雅，闹者摄之使静，皆所谓裁制 ③也。

【评语】

陈康畴曰："深得作文三昧 ④语。"

张竹坡曰："所谓节制之师。"

王丹麓曰："文家秘旨和盘托出，有功作者不浅。"

① 窘:困乏。② 缛(rù):繁多、繁琐。③ 裁制:规划、安排。④ 三昧:
奥妙、诀窍。

【译文】

写文章的方法,意思曲折难懂的,适合用简单易懂的词语来表达。
道理浅显的,适合用曲折的语言表述。题目是大家熟识的,就加上一些
新奇的想法。题目比较平庸的,就挖掘深化他们之间的关系。至于那些
困乏的使它舒展变长;繁多堆砌的就删除使它变得简洁;通俗的添加文
采使它变得雅致;喧闹的要整治使它安静。这些都是文章的规划安排。

【评语译文】

陈康畴说:"这是深得做文章的诀窍的言论。"

张竹坡说:"这就是所说的调节治理的老师。"

王丹麓说:"把写文章的秘密全都说出来,写这篇文章的人功劳
不小。"

词曲为文字中的尤物

笋为蔬中尤物①,荔枝为水果中尤物,蟹为水族中尤物,酒为
饮食中尤物,月为天文中尤物,西湖为山水中尤物,词曲为文字中
尤物。

【评语】

张南村曰:"《幽梦影》可为书中尤物。"

陈鹤山曰:"此一则又为《幽梦影》中尤物。"

【注释】

① 尤物:珍贵的东西。

【译文】

竹笋是蔬菜中珍贵的东西,荔枝是水果中珍贵的东西,螃蟹是水产
中珍贵的东西,酒是饮食中珍贵的东西,月亮是天文中珍贵的东西,西湖

是山水中珍贵的东西,词和曲是文字中珍贵的东西。

【评语译文】

张南村说:"《幽梦影》可以成为书中珍贵的东西。"

陈鹤山说:"上边的议论又是《幽梦影》中珍贵的东西。"

观手中扇面以知人

观手中便面^①,足以知其人之雅俗,足以识其人之交游。

【评语】

李圣许曰:"今人以笔资丐名人书画,名人何尝与之交游。吾知其手中便面虽雅,而其人则俗甚也。心斋此条犹非定论。"

毕岣谷曰:"人苟肯以笔资丐名人书画,则其人犹有雅道存焉。世固有并不爱此道者。"

钱目天曰:"二说皆然。"

【注释】

① 便面:指扇面。

【译文】

观看手中拿的扇面,就能够知道这个人是高雅还是庸俗,就能够知晓这个人与什么样的人交往。

【评语译文】

李圣许说:"现在的人用钱买来名人的字画,有名望的人哪里与他有过交往。我知道他手中拿的扇面虽然雅致,但这个人却很庸俗。张先生这条议论还不能作为定论。"

毕岣谷说:"既然有人肯花钱买名人的字画,那么这个人还有雅兴存在呢。世上原本有并不喜欢这种雅兴的人。"

钱目天说:"这两种说法都正确。"

水 火

水为至污之所会归,火为至污之所不到,若变不洁为至洁,则水火皆然。

【评语】

江含征曰:"世间之物,宜投诸水火者不少,盖喜其变也。"

【译文】

水是最污浊的东西聚集的地方,火是最污浊的东西到不了的地方,如果把不干净变成最干净,那么水和火都可以做到。

【评语译文】

江含征说:"人世间的东西,应当投入水火中的不少,因为喜欢它们的变化。"

文有虽通而极可厌者

貌有丑而可观者,有虽不丑而不足观者;文有不通而可爱者,有虽通而极可厌者。此未易与浅人道也。

【评语】

陈康畴曰:"相马于牝牡骊黄①之外者得之矣。"

李若金曰:"究竟可观者必有奇怪处,可爱者必无大不通。"

梅雪坪曰:"虽通而可厌,便可谓之不通。"

【注释】

① 骊黄:纯黑色和赤黄色的马。

【译文】

容貌有丑陋但还可以观看的人,有虽然不丑但不值得观看的人;文

幽梦影

章有不通畅但很让人喜爱的,有虽然通畅却让人极其讨厌的。这些话不容易和见识浅薄的人说。

【评语译文】

陈康畴说:"品评马的优劣,是在纯黑色、赤黄色和雌、雄以外得到的。"

李若金说:"追究相貌值得观看的人肯定有奇特怪异的地方,让人喜爱的文章肯定没有特别不通畅的地方。"

梅雪坪说:"文章虽然通畅却让人厌烦,就可以说它不通畅。"

游玩山水,亦复有缘

游玩山水,亦复有缘。苟机缘未至,则虽近在数十里之内,亦无暇到也。

【评语】

张南村曰:"予晤心斋时,询其曾游黄山否,心斋对以未游,当是机缘未至耳。"

陆云士曰:"余慕心斋者十年,今戊寅①之冬始得一面。身到黄山恨其晚,而正未晚也。"

【注释】

① 戊寅:康熙三十七年(1698 年)。

【译文】

游玩山水,也要讲求缘分的。如果机缘没到,那么即使近在十几里之内,也没有时间去玩。

【评语译文】

张南村说:"我与张先生见面的时候,问他曾经是否去黄山玩过,张先生说没去过,应该是机缘没到啊。"

陆云士说:"我仰慕张先生十年,到戊寅(1698 年)的冬天才见到一面。这也不算晚啊。"

幽梦影

贫而无谄,富而无骄

"贫而无谄,富而无骄"①,古人之所贤也;贫而无骄,富而无谄,今人之所少也。足以知世风之降矣。

【评语】

许筠庵曰:"战国时已有贫贱骄人②之说矣。"

张竹坡曰:"有一人一时而对此谄对彼骄者更难。"

【注释】

①"贫而"句:《论语·学而》:"子贡曰:'贫而无谄,富而无骄,何如?'子曰:'可也,未若贫而乐,富而好礼者也。'"②贫贱骄人:贫贱中的贤人以自己的贫贱为骄傲,表示藐视富贵显达的人。

【译文】

"贫困却不谄媚,富有却不骄傲",是古人中的贤人;贫困却不骄傲,富有却不谄媚,在现今的人中很少。由此完全可以知晓社会风气下降了。

【评语译文】

许筠庵说:"战国的时候就有身处贫贱,但以此蔑视权贵的说法了。"

张竹坡说:"有时一会儿对这人谄媚,一会儿对那人骄傲的人就更加困难了。"

读书·游山·检藏

昔人欲以十年读书、十年游山、十年检藏。予谓检藏尽可不必十年,只二三载足矣。若读书与游山虽或相倍蓰①,恐亦不足以偿所愿也。必也,如黄九烟前辈之所云:人生必三百岁而后可乎。

【评语】

江含征曰："昔贤原谓尽则安能,但身到处莫放过耳。"

孙松坪曰："吾乡李长蘅先生爱湖上诸山,有'每个峰头住一年'之句。然则黄九烟先生所云,犹恨其少。"

张竹坡曰："今日想来彭祖②反不如马迁。"

【注释】

① 蓰(xǐ):五倍。② 彭祖:神话中的人物,是长寿的象征。生于夏代,到殷末时已七百六十七岁(一说八百岁)。

【译文】

过去的人想用十年的时间读书,十年的时间游历山川,十年的时间检点收藏。我说检点收藏完全不用十年的时间,只用二三年就够了。像读书和游历山川用五倍多的时间,恐怕也不能满足自己的愿望。真的是这样。黄九烟前辈说过:人的一生一定要活三百岁才可以啊。

【评语译文】

江含征说:"先贤曾经说过只要尽力去做就会心安,但能身体力行的不要放过机会啊。"

孙松坪说:"我们乡里的李长蘅先生喜欢湖杭山水,有'每个峰头住一年'的话。但像黄九烟先生说的那样,看来还是嫌少啊。"

张竹坡说:"现在看来彭祖反而还不如司马迁。"

傲骨不可无,傲心不可有

傲骨不可无,傲心不可有。无傲骨则近于鄙夫,有傲心不得为君子。

【评语】

吴街南曰："立君子之侧,骨亦不可傲;当鄙夫之前,心亦不可不傲。"

石天外曰："道学之言,才人之笔。"

庞笔奴曰："现身说法,真实妙谛。"

【译文】

不能没有傲气的骨骼,不能有傲气的心。没有骨气尊严的人就近乎卑鄙小人,骄傲自大的人不能成为君子。

【评语译文】

吴街南说:"站在品格高尚的人旁边,有骨气也不能骄傲;在卑鄙小人的面前,心也不能骄傲自大。"

石天外说:"道家的言论,才人的文笔。"

庞笔奴说:"以亲身经历来说明道理,真实美妙。"

蝉和蜂

蝉为虫中之夷齐,蜂为虫中之管晏[①]。

【评语】

崔青岢曰:"心斋可谓虫之董狐[②]。"

吴镜秋曰:"蚊是虫中酷吏,蝇是虫中游客。"

【注释】

① 管晏:管仲和晏婴。两人都是春秋时期齐国名相,杰出的政治家和谋士。② 董狐:春秋时期晋国史官。他在史册上直书晋卿赵盾弒其君的事。后世将其作为良史的代称。

【译文】

蝉在昆虫中相当于伯夷和叔齐,蜜蜂在昆虫中相当于管仲和晏婴。

【评语译文】

崔青岢说:"张先生可以说是昆虫中直书不讳的良史董狐。"

吴镜秋说:"蚊子在昆虫中是凶残的酷吏,苍蝇在昆虫中是游说的人。"

痴、愚、拙、狂,人每乐居之

曰痴、曰愚、曰拙、曰狂,皆非好字面,而人每乐居之;曰奸、曰黠、曰强、曰佞,反是,而人每不乐居之,何也?

【评语】

江含征曰:"有其名者无其实,有其实者避其名。"

【译文】

痴、愚、拙、狂这些都不是好字眼,但人们往往很乐意以其自居;奸猾、狡黠、强横、奸佞这些字眼跟前面相反,人们往往不乐于以其自居。为什么呢?

【评语译文】

江含征说:"这是因为有这种名声的人实际上不是这样,而有这种实际情况的人逃避这种名声。"

唐虞之际,音乐可感鸟兽

唐虞[1]之际,音乐可感鸟兽。此盖唐虞之鸟兽,故可感耳。若后世之鸟兽,恐未必然。

【评语】

洪去芜曰:"然则鸟兽亦随世道为升降耶?"

陈康畴曰:"后世之鸟兽,应是后世之人所化身,即不无升降,正未可知。"

石天外曰:"鸟兽自是可感,但无唐虞音乐耳。"

毕右万曰:"后世之鸟兽与唐虞无异,但后世之人迥不同耳。"

【注释】

[1] 唐虞:即尧和舜。

【译文】

尧和舜的时期,音乐能感动飞禽走兽。这大概是因为它们是尧舜时的飞禽走兽,才能被感动。如果是后世的飞禽走兽,恐怕不一定能这样。

幽梦影

洪去芜说:"难道飞禽走兽也随着社会风气而上升或下降吗?"

陈康畴说:"后世的飞禽走兽,应该是后世人变化的,即便没有随社会风气上升或下降,也正是不能知晓的。"

石天外说:"飞禽走兽自身是能够感动的,只是没有尧和舜时期的音乐罢了。"

毕右万说:"后世的飞禽走兽和尧舜时期的没有什么差异,只是后世的人和尧舜时期的人完全不同罢了。"

苦可耐而酸不可耐

痛可忍而痒不可忍;苦可耐而酸不可耐。

【评语】

陈康畴曰:"余见酸子①偏不耐苦。"

张竹坡曰:"是痛痒关心语。"

余香祖曰:"痒不可忍须倩②麻姑③搔背。"

释牧堂曰:"若知痛痒,辨苦酸,便是居士悟处。"

【注释】

①酸子:指穷酸的读书人。②倩:请。③麻姑:传说中的仙女。

【译文】

疼痛能忍受但痒不能忍受;苦味能忍耐但酸味不能忍耐。

【评语译文】

陈康畴说:"我看见那些贫寒迂腐的读书人偏偏忍受不了劳苦。"

张竹坡说:"这是痛痒都关心的言论。"

余香祖说:"痒不能忍耐时可以请传说中的仙女麻姑挠背。"

释牧堂说:"如果知道痛痒,辨别苦味和酸味,就是在家信佛人的参悟道理的地方。"

影　像

镜中之影,着色人物也;月下之影,写意人物也。镜中之影,钩边画也;月下之影,没骨画也。月中山河之影,天文中地理也;水中星月之象,地理中天文也。

【评语】

恽叔子曰:"绘空镂影之笔。"

石天外曰:"此种着色、写意,能令古今善画人一齐阁笔。"

沈契掌曰:"好影子俱被心斋先生画着。"

【译文】

镜子中的影子是上色的人物画;月亮下的影子是写意人物画。镜子中的影子是线条勾勒的填充画;月亮下的影子是没骨画。月亮中山川河流的影子,是天文中的地表;水中星星和月亮的影子,是地面中的天文。

【评语译文】

恽叔子说:"这是对空绘画、雕刻影子的笔法。"

石天外说:"这种着色、写意画,能让古今善于画画的人一齐搁笔。"

沈契掌说:"好看的影子都被张先生画出来了。"

能读无字之书,方可得惊人妙句

能读无字之书,方可得惊人妙句;能会难通之解,方可参最上禅机。

【评语】

黄交三曰:"山老之学,从悟而入,故常有彻天彻地之言。"

释牧堂曰:"惊人之句,从外而得者;最上之禅,从内而悟者,山翁再来人,内外合一耳。"

胡会来曰："从无字处著书,已得惊人,于难通处着解,既参最上,其《幽梦影》乎!"

【译文】

能阅读没有字的书,才能得到使人吃惊的好句子;能够领会难理解的问题,才能参悟最上乘的佛教道理。

【评语译文】

黄交三说:"张先生的学问,从参悟开始,因此常有贯通天地的言论。"

释牧堂说:"惊人的妙句是从外界得来的,最上乘的佛教道理是从内心参悟的,张先生是转世的人,将内心参悟和外界获得合为一体了啊。"

胡会来说:"从没有字的地方著书,已经让人吃惊,在难以解释的问题上开始解答,已经明白了最上乘的佛理,这就是《幽梦影》啊。"

若无诗酒,则山水为具文

若无诗酒,则山水为具文;若无佳丽,则花月皆虚设。

【评语】

卓子任曰:"诗人酒客,以及佳丽,乃山川灵秀之气孕毓而成者。"

袁翔甫补评曰:"世间之辜负此山水花月者,正不知几多地方,几多时日也。恨之,恨之。"

【译文】

如果没有诗和酒,那么山水就徒具形式没有意义;如果没有漂亮的女子,那么花和月色都是没用的摆设。

【评语译文】

卓子任说:"诗人、爱喝酒的人和漂亮的女子,都是高山大川的灵秀之气孕育成的。"

袁翔甫补评说:"世间辜负这些山水和花月的,真不知道有多少地方,多少时间。遗恨啊，遗恨！"

才子而美姿容，佳人而工著作

才子而美姿容，佳人而工著作，断不能永年者，非独为造物之所忌。盖此种原不独为一时之宝，乃古今万世之宝，故不欲久留人世以取亵耳。

【评语】

郑破水曰："千古伤心，同声一哭。"

王司直曰："千古伤心者，读此可以不哭矣。"

【译文】

容貌姣好的才子，漂亮又善于写作的佳人，一定不能够长寿，这并不是被创造万物者忌恨的原因。大概这种人原本不只是一段时期内的宝物，而是从古至今的万世宝物，因此不能长久地留在人间以免被人取笑轻慢。

【评语译文】

郑破水说："千百年来的伤心事，大家都为这不幸感到悲哀吧。"

王司直说："千百年来伤心的人，读了这段话就不用悲伤了。"

曲逆之读音

陈平 ① 封曲逆侯，史、汉 ② 注皆云：音去遇。予谓此是北人土音耳。若南人四音俱全，似仍当读作本音为是。（北人于唱曲之曲，亦读如去字。）

【评语】

孙松坪曰："曲逆今完县也，众水潆洄，势曲而流逆。予尝为土人订之，心斋重发吾覆矣。"

幽梦影

①陈平:汉初阳武(今河南原阳东南)人。汉朝建立,封曲逆侯。②史、汉:指《史记》《汉书》。

【译文】

陈平被封为曲逆侯,"曲逆"在《史记》《汉书》上都注为:音去遇。我说这是北方人的方言。如果像南方人平、上、去、入四种音调都很全,似乎还应当读作本音才对。

【评语译文】

孙松坪说:"曲逆是现在的完县,那里众多的水流回旋,走势曲折而倒流。我曾经替当地人纠正过读音,张先生又重蹈我旧辙。"

形用与神用

凡物皆以形用。其以神用者,则镜也、符印①也,日晷②也、指南针也。

【评语】

袁中江曰:"凡人皆以形用。其以神用者,圣贤也、仙也、佛也。"

黄虞外士曰:"凡物之用皆形,而其所以然者神也,镜凸凹而易其肥瘦,符印以专一而主其神机,日晷以恰当而定准则,指南以灵动而活其针缝,是皆神而明之,存乎人矣。"

【注释】

① 符印:朝廷传达命令或征调兵将用的凭证,用金、玉、铜、竹、木制成,刻上文字,分成两半,一半朝廷存留,一半给外任官员或出征将帅。② 日晷(guǐ):按照日影测定时间的仪器。

【译文】

一切物品都是按照它的形状使用的。按照灵气使用的,则是镜子、符印、日晷和指南针。

【评语译文】

袁中江说:"普通人都是按照外形使用的。能按照神气使用的人,则是圣人、贤人、仙人和佛祖。"

黄虞外士说:"所有东西都是按照形状使用的,而它之所以能够按神气使用,镜子因其凸凹的不同能改变人的胖瘦,符印因其专门的规定而主宰它的计谋,日晷因其与时间相符合而定为准则,指南针因其灵敏的感觉而使指针在缝隙间活动,这些都是神灵明示,存在于人世间。"

砚

闲人之砚,固欲其佳,而忙人之砚,尤不可不佳;娱情之妾,固欲其美,而广嗣①之妾,亦不可不美。

【评语】

江含征曰:"砚美下墨可也,妾美招妒奈何?"

张竹坡曰:"妒在妾不在美。"

【注释】

① 广嗣:多生子嗣。

【译文】

清闲人的砚台,固然需要好的,但忙碌人的砚台,尤其不能不好;调笑欢愉的姬妾,固然需要漂亮的,但多生子嗣的姬妾,也不能不漂亮。

【评语译文】

江含征说:"好的砚台研出的墨汁也好,姬妾太漂亮招来嫉妒怎么办?"

张竹坡说:"嫉妒在于姬妾不在于漂亮。"

独乐乐、与人乐乐和与众乐乐

如何是独乐乐①?曰:鼓琴。如何是与人乐乐?曰:弈棋。

如何是与众乐乐？曰：马吊②。

【评语】

蔡铉升曰："独乐乐、与人乐乐，孰乐？曰：不若与人。与少乐乐、与众乐乐，孰乐？曰：不若与少。"

王丹麓曰："我与蔡君异，独畏人为鬼阵，见则必乱其局而后已。"

【注释】

①独乐乐：此处前一"乐"指玩乐，后一"乐"指快乐。②马吊：古代纸牌名。

【译文】

什么是一个人玩乐的快乐呢？说：弹琴。什么是两个人玩乐的快乐呢？说：下棋。什么是和众多的人玩乐的快乐呢？说：玩纸牌。

【评语译文】

蔡铉升说："一个人玩乐的快乐和两个人玩乐的快乐，哪一个才是快乐？说：两个人玩乐的快乐。和少数人玩乐的快乐与和多数人玩乐的快乐，哪一个才是快乐？说：和少数人玩乐的快乐。"

王丹麓说："我和蔡先生不同，最害怕和别人下围棋，见到就一定要扰乱棋局才罢休。"

我愿来生为美人，必有惜美之意

才子遇才子，每有怜才之心；美人遇美人，必无惜美之意。我愿来世托生为绝代佳人，一反其局而后快。

【评语】

陈鹤山曰："谚云：'鲍老①当筵笑郭郎②，笑他舞袖大郎当。若教鲍老当筵舞，转更郎当舞袖长。'则为之奈何？"

郑蕃修曰："俟心斋来世为佳人时再议。"

余湘客曰："古亦有我，见犹怜者。"

倪永清曰："再来时不可忘却。"

【注释】

① 鲍老：宋代戏剧角色名。② 郭郎：戏剧行当中的丑角。

【译文】

有才华的人遇到有才华的人，常常怀有爱才的心；漂亮的人遇到漂亮的人，肯定没有怜惜美女的情谊。我愿意来世托生为绝代美人，让这种局势颠倒才感到快乐。

【评语译文】

陈鹤山说："谚语说：'鲍老在筵席上笑话郭郎，笑话他衣服宽大不合身；如果让鲍老在筵席上跳舞，他的衣服更宽大不合身。'那怎么办呢？"

郑蕃修说："等到张先生来世成为美人时再议论吧。"

余湘客说："古时也有我，见到后有怜惜的意思。"

倪永清说："来世不能忘记了。"

祭历代才子佳人

予尝欲建一无遮大会①，一祭历代才子，一祭历代佳人。俟遇有真正高僧，即当为之。

【评语】

顾天石曰："君若果有此盛举，请迟至二三十年之后，则我亦可以拜领盛情也。"

释中洲曰："我是真正高僧，请即为之何如？不然则此二种沉魂滞魄，何日而得解脱耶？"

江含征曰："折柬②虽具，而未有定期，则才子佳人亦复怨声载道。"又曰："我恐非才子而冒为才子，非佳人而冒为佳人，虽有十万八千母陀罗③臂，亦不能具香厨法膳也。心斋以为然否？"

释远峰曰："中洲和尚不得夺我施主。"

【注释】

① 无遮大会：佛教举行的一种以布施为中心的法会。无遮，无所遮拦，谓不分贵贱、僧俗、智愚、善恶，平等看待。② 折柬：也作折简，书信。③ 母陀罗：指佛的心印或佛法。

【译文】

我曾经想举办一场以布施为中心的法会，一是祭奠历代有才华的人，一是祭奠历代的美人。等遇到真正的得道高僧，就应当举行了。

【评语译文】

顾天石说："张先生如果有这样的盛举，请延迟到二三十年以后再举行，那么我也能够拜领盛情了。"

释中洲说："我就是真正的得道高僧，请立刻举办这场法会怎么样？不然这两种沉沦滞留的魂魄，什么时候才能解脱呢？"

江含征说："书信虽然有了，但没有确定日期，那么才子佳人也要有怨恨的声音了。"又说："我恐怕不是有才华的人冒充为才子，不是美人却冒充为佳人，虽然有无边的佛法，也不能给这么多信徒置办斋饭。张先生认为是这样吗？"

释远峰说："中洲和尚不要抢夺我的施主。"

圣贤者

圣贤者，天地之替身。

【评语】

石天外曰："此语大有功名教，敢不伏地拜倒。"

张竹坡曰："圣贤者，乾坤之帮手。"

【译文】

圣人和贤人是天和地的替身。

【评语译文】

石天外说："这话对儒家的礼教有很大的功劳，哪敢不伏地叩拜领教。"

张竹坡说："圣人和贤人是天和地的助手。"

天极不难做

天极不难做,只须生仁人君子有才德者二三十人足矣。君一、相一、冢宰^①一及诸路总制抚军是也。

【评语】

黄九烟曰:"吴歌有云:做天切莫做四月天。可见天亦有难做之时。"

江含征曰:"天若好做,又不须女娲氏补之。"

尤谨庸曰:"天不做天,只是做梦,奈何?奈何?"

倪永清曰:"天若都生善人,君、相皆当袖手,便可无为而治。"

陆云士曰:"极诞极奇之话,极真极确之话。"

【注释】

① 冢宰:周代官名。是六卿之首,后来称吏部尚书为冢宰。

【译文】

天并不难做,只需要生下仁德有才华的二三十人就够了。一个做皇帝、一个做宰相、一个是吏部尚书和各路总制抚军。

【评语译文】

黄九烟说:"江浙一带的歌谣说:做天一定不要做四月的天。可见天也有难做的时候。"

江含征说:"天如果好做,就不用女娲去补它了。"

尤谨庸说:"天不做天,只是做梦,怎么样?"

倪永清说:"天假若生下的都是善良的人,皇帝和丞相都应当袖手旁观,就可以不妄为治理天下了。"

陆云士说:"这是极其荒诞离奇的话,又是极其真实确切的话。"

掷升官图

掷升官图^①,所重在德,所忌在赃。何一登仕版^②,辄与之相反耶?

【评语】

江含征曰:"所重在德不过是要赢几文钱耳。"

沈契掌曰:"仕版原与纸版不同。"

【注释】

① 升官图:古代博戏器具。列大小官位在纸上,另掷骰子,计点数彩色以定升降。② 仕版:官吏的名册。

【译文】

投掷升官图时,所注重的是品德,所忌讳的是贪污受贿。为什么一登上官吏的名册,总是与这相反呢?

【评语译文】

江含征说:"所注重的是品德不过想要赢几文钱罢了。"

沈契掌说:"官吏的名册原本与纸上的样版不一样。"

动、植物中有三教

动物中有三教焉。蛟龙麟凤之属,近于儒者也;猿狐鹤鹿之属,近乎仙者也;狮子牯牛之属,近于释者也。植物中有三教焉。竹梧兰惠之属,近于儒者也;蟠桃老桂之属,近于仙者也;莲花蒼卜^①之属,近于释者也。

【评语】

顾天石曰:"请高唱《西厢》,一句一个通彻三教九流。"

石天外曰:"众人碌碌,动物中蜉蝣而已;世人峥嵘,植物中荆棘而已。"

【注释】

① 薝(zhān)卜：花名。梵语。指郁金花。

【译文】

动物中有三教。蛟、龙、麒麟、凤凰这类，接近于儒教；猿、狐、仙鹤、鹿这类，接近于道教；狮子、牯牛这类，接近于佛教。植物中有三教。竹子、梧桐、兰花、蕙草这类，接近于儒教；蟠桃、桂树这类，接近于道教；莲花、郁金花这类，接近于佛教。

【评语译文】

顾天石说："请高唱《西厢》，一句一个畅通透彻的三教九流。"

石天外说："大多数人忙忙碌碌，不过是动物中无足轻重的蜉蝣罢了；世上的人卓异不凡，不过是植物中的荆棘罢了。"

苏东坡和陶诗尚遗数十首

苏东坡和陶诗尚遗数十首，予尝欲集坡句①以补之，苦于韵之弗备而止。如《责子》诗中"不识六与七""但觅梨与栗"，七字栗字皆无其韵也。

【评语】

王司直曰："余亦常有此想，每以为平生憾事，不谓竟有同心。今彼可以无憾，但憾苏老耳。"

庞天池曰："心斋有炼石补天手段，乃以七、栗无韵缺陶诗，甚矣，文法之困人也。"

【注释】

① 集坡句：这里指取苏东坡诗句，拼集成和陶诗。集句，集古人句以为诗。

苏东坡和陶渊明的诗还剩下数十首,我曾经想集苏东坡的诗句补齐它,但因为韵律不齐而停止。像《责子》诗中"不识六与七""但觅梨与栗",这两句中的"七""栗"都没有这种韵律。

【评语译文】

王司直说:"我也经常有这种想法,往往把它当成平生遗憾的事,不料竟然和张先生有同样的心思。现在我可以没有遗憾了,只是替苏东坡先生感到遗憾啊。"

庞天池说:"张先生有炼石补天的手段,只因为'七''栗'没有韵律无法和陶渊明的诗,太遗憾了,文法束缚人啊。"

予尝偶得句

予尝偶得句,亦殊可喜。惜无佳对,遂未成诗。其一为"枯叶带虫飞",其一为"乡月大于城",姑存之以俟异日。

【评语】

王司直曰:"古人全诗每因一句两句而传者,后人诵之不已。既有此一句两句,何必复增。"

袁翔甫补评曰:"单词只句,亦足以传,何必足成耶。如'满城风雨近重阳①'之类是也。"

【注释】

① 满城风雨近重阳:见宋韩淲《风雨中诵潘邠老诗》:"满城风雨近重阳,独上吴山看大江。"

【译文】

我曾经偶然得到句子,也非常高兴。可惜没有好的句子相对,于是没有写成诗。其中一句是"枯叶带虫飞",另一句是"乡月大于城",暂且保存等以后有机会再补上。

王司直说:"古代的人一首完整的诗,常常由于一两句特别好而流传,后世的人吟诵不止。既然有这样一两句,没有必要再增加了。"

袁翔甫补评说:"一个词一句话也完全可以流传后世,为什么一定要凑成一首呢。像'满城风雨近重阳'这类的就是这样。"

极妙之境

"空山无人,水流花开"①二句,极琴心之妙境;"胜固欣然,败亦可喜"②二句,极手谈③之妙境;"帆随湘转,望衡九面"④二句,极泛舟之妙境;"胡然而天,胡然而帝"⑤二句,极美人之妙境。

【评语】

曹冲谷曰:"一味妙悟。"

王司直曰:"登山泛舟望美,此语妙境之妙。"

袁翔甫补评曰:"此等妙境,岂钝根人领略得来。"

【注释】

①"空山无人"两句:见苏轼《十八大罗汉颂》。②"胜固欣然"两句:见苏轼《观棋》诗。③手谈:下围棋。④"帆随湘转"两句:见北魏郦道元《水经注·湘水》。湘,指湘水。衡,指衡山,五岳之一。⑤"胡然而天"两句:见《诗·鄘风·君子偕老》。

【译文】

"空山无人,水流花开"这两句话,说出了弹琴奏曲的美妙的境界;"胜固欣然,败亦可喜"这两句,说出了下围棋时美好的心境;"船随湘转,望衡九面"这两句,说出了水上行船时美好的境界;"胡然而天,胡然而帝"这两句,说出了美人的美好境界。

【评语译文】

曹冲谷说:"一番美妙的言论。"

王司直说:"登上高山、水中泛舟、观赏美人,这说的是美好境界中最美妙的地方。"

袁翔甫补评说："这样美好的境界，哪里是迟钝的人所能领略到的。"

镜与水之影

镜与水之影，所受者也；日与灯之影，所施者也。月之有影，则在天者为受，而在地者为施也。

【评语】

郑破水曰："受、施二字，深得阴阳之理。"

庞天池曰："幽梦之影，在心斋为施，在笔奴为受。"

【译文】

镜子和水中的影子只是被动反射；太阳和灯光下的影子是主动反射。月亮的影子，对天来说是接受，对地来说是给予。

【评语译文】

郑破水说："接受和施与这两个词，深含阴和阳的道理。"

庞天池说："幽梦的影子，对于张先生来说是给予，对于那些执笔的奴仆来说是接受。"

水声、风声、雨声

水之为声有四：有瀑布声，有流泉声，有滩声，有沟浍①声。风之为声有三：有松涛声，有秋叶声，有波浪声。雨之为声有二：有梧叶、荷叶上声，有承檐溜竹筒中声。

【评语】

弟木山曰："数声之中，惟水声最为可厌，以其无已时甚聒人耳也。"

① 浍：田间水沟。

【译文】

水的声音有四种：瀑布的声音、泉水的声音、海浪的声音、水沟的流水声。风的声音有三种：松涛的声音、秋叶的声音、波浪的声音。雨的声音有两种：有雨点打在梧桐叶、荷叶上的声音，有雨水从房檐流向竹筒的声音。

【评语译文】

弟木山说："这几种声音中，只有水的声音最让人感到厌烦，因为它没有停止的时候。"

诗文之佳者，何以金玉、珠玑誉之

文人每好鄙薄富人，然于诗文之佳者，又往往以金玉、珠玑、锦绣誉之，则又何也？

【评语】

陈鹤山曰："犹之富贵家张山臞① 野老、落木荒村之画耳。"

江含征曰："富人嫌其悭且俗耳，非嫌其珠玉文绣也。"

张竹坡曰："不文虽穷可鄙，能文虽富可敬。"

陆云士曰："竹坡之言是真公道说话。"

李若金曰："富人之可鄙者在吝，或不好史书，或畏交游，或趋炎热而轻忽寒士。若非然者，则富翁大有裨益之处，何可少之。"

【注释】

① 臞（qú）：同癯，消瘦。

【译文】

读书人常常喜欢鄙视富有的人，但对于好的诗词文章又往往用金玉、珠玑、锦绣来称赞它，为什么呢？

【评语译文】

陈鹤山说："就像富贵人家喜欢张挂山体瘦削、荒僻山村的山水画一样。"

江含征说："是嫌弃这些富人吝啬俗气，而不是嫌弃他们的珠玉锦绣。"

张竹坡说："不会写文章虽然贫穷让人鄙视，会写文章虽然富有让人尊敬。"

陆云士说："张竹坡的话是真正公道的话。"

李若金说："富人让人鄙视是因为他吝啬，或是不喜好读史书，或是害怕结交朋友，或是巴结有权势的人、轻视穷苦的读书人。如果不是这样，那么富人还是大有益处的，怎么能够缺少啊。"

能闲世人之所忙者

能闲世人之所忙者，方能忙世人之所闲。

【评语】

袁翔甫补评曰："闲里着忙是朦懂汉，忙里偷闲出短命相。"

【译文】

能闲置世上的人都在忙的事，才能够去忙世上的人闲置的事。

【评语译文】

袁翔甫补评说："闲里着忙是迷糊的人，忙里偷闲是寿命短暂的人。"

读经与读史

先读经①后读史②，则论事不谬于圣贤；既读史复读经，则观书不徒为章句。

【评语】

黄交三曰："宋儒语录中不可多得之句。"

陆云士曰："先儒著书法累牍连章，不若心斋数言道尽。"

王宓草曰："妄论经史者还宜退而读经。"

① 经：作为典范的书称为经。② 史：记载历史的书叫史。

【译文】

先读经类的书，再读史类的书，那么评论事物就不会违背圣人和贤人；已经读了史类的书，再去读经类的书，那么读书就不只是为了章节和句子了。

【评语译文】

黄交三说："这是宋代儒学语录中不可多得的句子。"

陆云士说："以前的学者关于写书法方面的文章很多，不像张先生这样几句话就说清楚了。"

王宓草说："妄加评论经史的人还适宜退一步去读经类的书。"

居城市中，当以画幅当山水

居城市中，当以画幅当山水，以盆景当苑囿，以书籍当朋友。

【评语】

周星远曰："究是心斋偏重独乐乐。"

王司直曰："心斋先生置身于画中矣。"

【译文】

住在城市中，应该把画幅当作山水，把盆景当作蓄养禽兽的园林，把书籍当作朋友。

【评语译文】

周星远说："究其原因是张先生偏重一个人玩乐的快乐。"

王司直说："张先生置身在画中了。"

朋　友

乡居须得良朋始佳，若田夫樵子，仅能辨五谷而测晴雨。久且数,未免生厌矣。而友之中,又当以能诗为第一,能谈次之,能画次之,能歌又次之,解觞政①者又次之。

【评语】

江含征曰:"说鬼话者又次之。"

殷日戒曰:"奔走于富贵之门者,自应以善说鬼话为第一,而诸客次之。"

倪永清曰:"能诗者必能说鬼话。"

陆云士曰:"三说递进,愈转愈妙,滑稽之雄。"

【注释】

① 觞政:酒令。

【译文】

在乡村居住一定要有好朋友才美,像农夫和砍柴的人只能辨认五谷杂粮,预测晴天还是下雨。时间长了,不免厌烦。在朋友当中,又应当把能够写诗的作为第一,善于言谈的第二,会画画的第三,能唱歌的第四,会酒令的第五。

【评语译文】

江含征说:"胡言乱语的第六。"

殷日戒说:"对于出入富贵之家的人,自然把善于胡言乱语的当作第一,其他的客人排在后面。"

倪永清说:"会写诗词的人肯定能胡言乱语。"

陆云士说:"上面三种说法递进,愈转折愈妙,真是能言善辩。"

花鸟中之伯夷、伊尹、柳下惠

玉兰,花中之伯夷也(高而且洁);葵,花中之伊尹①也(倾心向日);莲,花中之柳下惠②也(污泥不染)。鹤,鸟中之伯夷也(仙品);鸡,鸟中之伊尹也(司晨);莺,鸟中之柳下惠也(求友)。

【评语】

袁翔甫补评曰："蝉,虫中之伯夷也;蜂,虫中之伊尹也;蜻蜓,虫中之柳下惠也。"

【注释】

①伊尹:名挚,商初大臣。奴隶出身。佐汤代夏桀,被尊为阿衡(宰相)。汤死后,孙太甲破坏商汤法制,伊尹把他放逐到桐宫,三年后迎之复位。一说伊尹放逐太甲,自立七年;太甲还,杀伊尹。②柳下惠:春秋鲁大夫展禽。

【译文】

玉兰,是花中的伯夷(高贵又纯洁);向日葵,是花中的伊尹(全心全意向着太阳);莲花,是花中的柳下惠(出淤泥而不染)。仙鹤,是鸟中的伯夷(非凡的品种);鸡,是禽类中的伊尹(打鸣报晓);黄莺,是鸟中的柳下惠(寻求朋友)。

【评语译文】

袁翔甫补评说:"蝉,是昆虫中的伯夷;蜜蜂,是昆虫中的伊尹;蜻蜓,是昆虫中的柳下惠。"

无其罪而虚受恶名者,蠹鱼也

无其罪而虚受恶名者,蠹鱼①也(蛀书之虫另是一种,其形如蚕蛹而差小);有其罪而桓逃清议者,蜘蛛也。

【评语】

张竹坡曰:"自是老吏断狱。"

李若金曰:"予尝有除蛛网说,则讨之未尝无人。"

【注释】

①蠹鱼:虫名,又称衣鱼,常蛀蚀衣服。体形小而像鱼,有银白色细鳞,故名。

【译文】

没有犯过错却白白承担这种恶名的是蠹鱼(蛀书的虫是另一种,它的形状比蚕蛹较小);犯了过错却经常逃过公正舆论的是蜘蛛。

【评语译文】

张竹坡说:"这则是老练的官吏审理案子,又准又快。"

李若金说:"我曾经有扫除蜘蛛网的说法,可见不是没有人对它发动攻击。"

神奇化为臭腐,是物皆然

臭腐化为神奇,酱也、腐乳也、金汁①也。至神奇化为臭腐,则是物皆然。

【评语】

袁中江曰:"神奇不化臭腐者,黄金也、真诗文也。"

王司直曰:"曹操②、王安石③文字亦是神奇出于臭腐。"

【注释】

① 金汁:粪汁。② 曹操:字孟德,小名阿瞒,汉沛国谯人。三国时,魏国丞相,后追尊为太祖武帝。③ 王安石:字介甫,号半山,宋抚州临川人。宋代政治家、文学家,"唐宋八大家"之一。

【译文】

把腐败的东西变为神奇的东西有酱、豆腐乳、粪汁。至于把神奇的东西变为腐败的,那么所有的东西都是这样的。

【评语译文】

袁中江说:"神奇的东西不会变为腐败的有黄金、真正的诗词文章。"

王司直说:"曹操、王安石的文章也是由腐败化为神奇的。"

黑与白

黑与白交,黑能污白,白不能掩黑;香与臭混,臭能胜香,香不能敌臭。此君子小人相攻之大势也。

【评语】

弟木山曰:"人必喜白而恶黑,黜臭而取香,此又君子必胜小人之理也。理在又乌论乎势。"

倪永清曰:"当今以臭攻臭者不少。"

【译文】

黑和白碰到一起,黑能玷污白,白不能掩盖黑;香和臭混在一起,臭能够胜过香,香不能抵挡臭。这是君子和小人相互指责的形势。

【评语译文】

弟木山说:"人们肯定喜欢白的、讨厌黑的,驱赶臭的、求取香的,这又是君子肯定能战胜小人的道理。道理是这样的,又何必论发展趋势。"

倪永清说:"现在以臭攻臭的人也不少。"

耻与痛

耻之一字,所以治君子;痛①之一字,所以治小人。

【评语】

张竹坡曰:"若使君子以耻治小人,则有耻且格;小人以痛报君子,则尽忠报国。"

【注释】

① 痛:指痛罚。

"耻"这个字,是用来制约君子要有廉耻之心;"痛"这个字,是用来惩罚小人使其有肉体的痛苦。

【评语译文】

张竹坡说:"如果让君子用'耻'这个字去整治小人,那么小人感到耻辱就会受到制约;小人用'痛'回报君子,君子就会对国家忠心耿耿。"

镜不能自照

镜不能自照,衡不能自权,剑不能自击。

【评语】

倪永清曰:"诗不能自传,文不能自誉。"

庞天池曰:"美不能自见,恶不能自掩。"

【译文】

镜子不能自己照自己,秤不能自己称自己,剑不能自己刺自己。

【评语译文】

倪永清说:"诗不能自己流传后世,文章不能自己称赞自己。"

庞天池说:"美丽不能自己看到,恶行不能自己掩饰。"

诗不必穷而后工

古人云:诗必穷而后工。盖穷则语多感慨,易于见长耳。若富贵中人,既不可忧贫叹贱,所谈者不过风云月露而已,诗安得佳?苟思所变,计惟有出游一法。即以所见之山川风土、物产人情,或当疮痍兵燹①之余,或值旱涝灾禊②之后,无一不可寓之诗中。借他人之穷愁,以供我之咏叹,则诗亦不必待穷而后工也。

张竹坡曰："所以郑监门^③《流民图》独步千古。"

倪永清曰："得意之游不暇作诗,失意之游不能作诗,苟能以无意游之,则眼光识力定是不同。"

尤悔庵曰："世之穷者多,而工诗者少,诗亦不任受过也。"

【注释】

① 兵燹(xiǎn):因战争所遭受的焚烧破坏等灾害。② 灾祲(jìn):指灾害不祥的征兆。祲,阴阳二气相侵所形成的征象不祥的云气。③ 郑监门:即郑侠,字介夫,北宋福州福清人。宋熙宁六年,郑侠监安上门,因绘《流民图》献给宋神宗,极言新政之失,神宗因罢青苗法。

【译文】

古代的人说:写诗一定要等穷酸潦倒后才能写出好诗。因为穷困那么语言大多有感而发,容易显示出长处。如果富贵的人,就不可能为贫穷忧愁和感叹低贱了,所谈论的不过是风云、月亮、朝露罢了,怎么能写出好诗?如果想有所改变,为今之计只有外出游玩的办法。那就是把所见到的山川风景、物产人情,或是因战争遭受破坏的感触,或是赶上干旱洪涝灾害之后的情景,没有一样不能写进诗中的。借用别人的穷苦忧愁让我去咏叹,那么写诗也不用等到穷苦之后才能写出好诗了。

【评语译文】

张竹坡说:"因此郑监门的《流民图》才能够独一无二地流传千百年。"

倪永清说:"人生得意时的游历没有时间作诗,失意时的游历不能作诗,如果能够没有意识地游历,那么见识和判断力一定有所不同。"

尤悔庵说:"世上的穷人很多,但善于写诗的很少,诗也不愿接受这样的结论啊。"

幽梦影

张惣跋

昔人云："梅花之影，妙于梅花。"窃意影子何能妙于花？惟花妙则影亦妙，枝干扶疏，自尔天然生动。凡一切文字语言，总是才人影子，人妙则影自妙。此册一行一句，非名言即韵语，皆从胸次体验而出，故能发人警省。片玉碎金，俱可宝贵，幽人梦境，读者勿作影响观可矣。

南村张惣识。

江之兰跋

　　抱异疾者多奇梦,梦所未到之境,梦所未见之事。以心为君主之官,邪干之,故如此。此则病也,非梦也。至若梦木撑天、梦河无水,则休咎应之;梦牛尾、梦蕉鹿,则得失应之,此则梦也,非病也。心斋之《幽梦影》非病也,非梦也,影也。影者,惟何石火之一敲,电光之一瞥也。东坡所谓"一掉头时生老病,一弹指顷去来今"也。昔人云:"芥子具须弥。"心斋则于倏忽备古今也。此因其心闲、手闲,故弄墨如此之闲适也。心斋岂长于勘梦者也,然而未可向痴人说也。

　　寓东淘江之兰跋。

杨复吉跋

　　昔人著书,间附评语,若以评语参错书中,则《幽梦影》创格也。清言隽旨,前于后喁,令读者如入真长座中,与诸客周旋,聆其謦欬,不禁色舞眉飞。洵翰墨中奇观也。书名曰梦曰影,盖取六如之义,饶广长舌,散天女花,心灯意蕊,一印印空,可以悟矣。

　　乙未夏日震泽杨复吉识。

王晫题辞

《记》曰：和顺积于中，英华发于外。凡人之言，皆英华之发于外者也，而无不本乎中之所积。适与其人肖焉。是故其人贤者其言雅，其人哲者其言快，其人高者其言爽，其人达者其言旷，其人奇者其言创，其人韵者其言多情而可思。张子所云："对渊博友，如读异书；对风雅友，如读名人诗文；对谨饬友，如读圣贤经传；对滑稽友，如阅传奇小说。"正此意也。彼在昔立言之人，至今传者，岂徒传其言哉，传其人而已矣。今举集中之言，有快若并州之剪，有爽若哀家之梨，有雅若钧天之奏，有旷若空谷之音。创者则如新锦出机，多情则如游丝袅树。以为贤人可也，以为哲人可也，以为达人、奇人可也，以为高人、韵人亦无不可也。譬之瀛州之木，日中视之，一叶百影。张子以一人而兼众妙，其殆瀛木之影欤。然则日手此一编，不啻与张子晤对，罄彼我之怀。又奚俟梦中相寻以致迷，不知路中道而返哉。

同学弟松溪王晫拜题。

附　录

幽梦续影
朱锡绶

潘祖荫序

　　吾师镇洋朱先生，名锡绶，字撷筠，盛君大士，高足弟子也。著作甚富，屡困名场。后作令湖北，不为上官所知，郁郁以殁。祖荫齠齔之年，奉手受教。每当岸帻奋麈，陈说古今，亹亹发蒙，使人不倦。自咸丰甲寅，先生作吏南行，遂成契阔。先生诗集已刊，版毁于火，他著述亦不存。仅从亲知传写得此一编，大率皆阅世观物、涉笔排闷之语。元题曰《幽楚续影》，略知屠赤水、陈麋公所为小品诸书。虽绮语小言，而时多名理。祖荫不忍使先生语言文字无一二存于世间，辄为镂版，以贻胜流屋乌储胥，聊存遗爱。然流传止此，益用感伤。昔宋明儒门弟子，刊行其师语录，虽琐言鄙语，皆为搜存，不加芟饰。此编之刊，犹斯志也。

　　光绪戊寅四月门人潘祖荫记。

真嗜酒者气雄

真嗜酒者气雄,真嗜茶者神清,真嗜笋者骨癯,真嗜菜根者志远。

【评语】

粟隐师云:"余拟赠啸筠楹帖曰:'神清半为编茶录,志远真能嗜菜根。'"

【译文】

真正喜好喝酒的人气势雄浑,真正喜好喝茶的人神志清醒,真正喜好吃笋的人骨骼瘦削,真正喜好吃菜根的人志向远大。

【评语译文】

粟隐师云:"我准备赠送啸筠的对联说:'神清半为编茶录,志远真能嗜菜根。'"

鹤令人逸

鹤令人逸,马令人俊,兰令人幽,松令人古。

【评语】

华山词客云:"鸥令人愁,鱼令人闲,梅令人癯^①,竹令人峭。"

【注释】

① 癯(qú):消瘦。

【译文】

仙鹤让人感到飘逸,马让人感到俊美,兰花让人感到幽静,松树让人

幽梦影

133

感到质朴。

【评语译文】
【评语译文】

华山词客说："蟋蟀让人感到烦忧,小鱼让人感到悠闲,梅花让人感到清瘦,竹子让人感到峭拔。"

善贾无市井气

善贾无市井气,善文无迂腐气。

【评语】

张石顽云:"善兵无豪迈气。"

【译文】

善于做生意的人没有市侩的气息,善于写文章的人没有迂腐的气息。

【评语译文】

张石顽说:"善于用兵的人没有豪迈的气息。"

静　坐

日间多静坐,则夜梦不惊;一月多静坐,则文思便逸。

【评语】

黄鹤笙云:"甘苦自得。"

【译文】

白天要多一些静坐的时间,那么晚上做梦就不会惊悸;一个月中要多一些静坐的时间,那么写文章时的思路就会畅通。

【评语译文】

黄鹤笙说："甘甜苦涩自己体会。"

观虹销雨霁时

观虹销雨霁时,是何等气象;观风回海立时,是何等声势。

【评语】

陆又珊云："我师意殆谓改过宜勇,迁善宜速。"

【译文】

观看彩虹消失、雨过天晴时的景象,是怎样的气象;观看风吹潮动的景象,是怎样的声势。

【评语译文】

陆又珊说："老师的意思是说改正错误应当勇敢,弃恶从善应当迅速。"

贪人之前莫炫宝

贪人之前莫炫宝,才人之前莫炫文,险人之前莫炫识。

【评语】

悼秋云："妒妇之前莫炫色。"

忏绮生云："妄人之前莫炫才。"

【译文】

在贪婪的人面前不要炫耀财富,在有才华的人面前不要炫耀文采,在阴险的人面前不要炫耀学识。

悼秋说:"在爱妒忌的人面前不要炫耀姿色。"

忏绮生说:"在妄为的人面前不要炫耀才华。"

文人富贵,起居便带市井

文人富贵,起居便带市井;富贵能诗,吐属便带寒酸。

【评语】

华山词客云:"不顾俗眼①惊。"

王寅叔云:"黄白是市井家物,风月是寒酸家物。"

【注释】

① 俗眼:世俗的眼光,浅薄的见识。

【译文】

读书人富贵了,日常生活便有市井小人的习气;富贵的人能写诗词,谈吐便有穷书生的酸腐气息。

【评语译文】

华山词客说:"这些话不顾世俗浅薄的人震惊。"

王寅叔说:"金银是市井小人家的东西,缺乏内涵,风花雪月的诗文是穷书生家的东西。"

花是美人后身

花是美人后身。梅,贞女也;梨,才女也;菊,才女之善文章者也;水仙,善诗词者也;荼蘼①,善谈禅者也;牡丹,大家中妇也;芍药,名士之妇也;莲,名士之女也;海棠,妖姬也;秋海棠,制于悍妇之艳妾也;抹丽②,解事雏鬟也;木夫容③,中年诗婢也;惟兰为绝代美人,生长名阀,耽于词画,寄心清旷,结想琴筑。然而闺中待字,不无迟暮之感。优此则绌彼,理有固然,无足怪者。

【评语】

眉影词人云:"桂,富贵家才女也;剪秋罗④,名士之婢妾也。"

省缘师云:"愿普天下勿栽秋海棠。"

【注释】

① 荼䕷:落叶小灌木。白色的花,有香气,可供观赏。䕷,应为蘼。② 抹丽:应为茉莉。③ 木夫容:应为木芙蓉。④ 剪秋罗:草名。一名汉宫秋。颜色深红,花瓣分数枝,八月间开。

【译文】

花是美人来世转生的。梅花由贞洁女子转生;梨花由有才华的女子转生;菊花由有才华又擅长写文章的女子转生;水仙由擅长诗词的女子转生;荼䕷由善于谈论禅机的女子转生;牡丹由豪门贵夫人转生;芍药由有名望的夫人转生;莲花由名人的女儿转生;海棠由妖艳的女子转生;秋海棠由受凶狠妇人挟制的美妾转生;茉莉由通解人事的小丫鬟转生;木芙蓉由中年会写诗的婢女转生。只有兰花由绝代美人转生,她生于名门贵族,受诗词绘画的熏陶,有清远旷达心境,愁结于琴房之中。但是待嫁闺中,不免感到冷落寂寞。偏爱这一种,指出那一种的不足之处,理应这样不值得奇怪。

【评语译文】

眉影词人说:"桂花由富贵人家中有才华的女子转生;剪秋罗由名士家的婢妾转生。"

省缘师说:"我愿天下的人都不要栽种秋海棠。"

能食淡饭者，方许尝异味

能食淡饭者，方许尝异味；能溷市嚣者，方许游名山；能受折磨者，方许处功名。

【评语】

郑盦云："然则夫子何以不豫色然？"

【译文】

能吃清淡饭菜的人，才允许尝不同的味道；能混杂在市井喧闹中的人，才允许游历山川风景；能经受磨难的人，才允许求取功名。

【评语译文】

郑盦说："但是老师为什么有不高兴的神色呢？"

非真空不宜谈禅

非真空不宜谈禅，非真旷不宜谈酒。

【评语】

莲衣云："居士奈何自信真空。"

香祖主人云："始知吾辈大半假托空旷。"

【译文】

没有真正做到万事皆空时不适宜谈论禅机；不是真正心胸开阔的人不适宜谈论饮酒。

【评语译文】

莲衣说："在家信佛的人怎么能够相信万事皆空呢？"

香祖主人说："这时才知道我们这些人大多数是假意寄托空旷罢了。"

善得天趣

雨窗作画，笔端便染烟云；雪夜哦诗，纸上如洒冰霰①，是谓善得天趣。

【评语】

诗盦云："君师盛兰雪先生云：冰雪窖中人对语，更于何处着尘埃，冷况仿佛。"

【注释】

① 霰（xiàn）：空中降落的白色不透明的小冰粒，常呈球形或圆锥形。

【译文】

在下雨的窗下画画，笔上就像染了烟雨雾气；在下雪的夜晚写诗，纸上就像撒了白色不透明的小冰粒。这就是所说的善于得到"天趣"。

【评语译文】

诗盦说："您的老师盛兰雪先生说：在冰窖中面对面交谈，又从什么地方沾染尘埃呢。与这种在冷天中相互交谈的状况相类似。"

凶年闻爆竹

凶年闻爆竹，愁眼见灯花，客途得家书，病后友人邀听弹琴，俱可破涕为笑。

【评语】

沈石生云："客中病后，凶年愁眼，奈何？"

不祥之年听到爆竹声,忧愁的眼睛看到灯花,路途中收到家中的书信,大病初愈后朋友邀请听弹琴,都可以转悲为喜,露出笑容。

【评语译文】

沈石生说:"如果在途中病愈以后,遇上不祥之年,再加上忧愁,怎么办呢?"

访友观物

观门径可以知品,观轩馆可以知学,观位置可以知经济,观花卉可以知旨趣,观楹帖可以知吐属,观图书可以知胸次,观童仆可以知器宇,访友不待亲接言笑也。

【评语】

香祖主人云:"此君随地用心,吾甚畏之。"

【译文】

观看门前的道路就能知晓主人的品级,观看宽敞的屋舍就能知晓主人的学识,观看庭院的布局就能知晓主人家的经济情况,观看花卉就能知晓主人的意向趣味,观看楹联就能知晓主人的谈吐行为,观看书籍就能知晓主人的胸襟,观看童子仆人就能知晓主人的外表风度。访问朋友不用亲自接触交谈就可以洞察了。

【评语译文】

香祖主人说:"这位先生随处都用心观察,我很害怕啊。"

三　恨

余亦有三恨：一恨山僧多俗，二恨盛暑多蝇，三恨时文多套。

【评语】

赵享帚云："第三恨务请释之。"

【译文】

我也有三种怨恨：一是怨恨山中的僧人大多数很世俗，二是怨恨夏天苍蝇太多，三是怨恨现在的文章套话连篇。

【评语译文】

赵享帚说："这第三种怨恨务必请释然。"

庭中花与室中花

蝶使之俊，蜂使之雅，露使之艳，月使之温，庭中花斡旋造化者也。使名士增情，使美人增态，使香炉茗碗增奇光，使图画书籍增活色，室中花附益造化者也。

【评语】

星农云："啸筠之画庭中花，啸筠之诗室中花。"

【译文】

蝴蝶使庭院中的花儿俊俏，蜜蜂使庭院中的花儿雅致，露水使庭院中的花儿娇艳，月光使庭院中的花儿温柔，庭院中的花与大自然相得益彰。房间中的花能给名士增加情趣，给美人增加姿态，给香炉、茶盅增加光彩，给绘画、书籍增加色彩，房间中的花是得益于大自然的。

幽梦影

星农说："啸筠的画就像庭院中的花一样,啸筠的诗就像房间中的花一样。"

惜花与爱才

无风雨不知花之可惜,故风雨者,真惜花者也;无患难不知才之可爱,故患难者,真爱才者也。风雨不能因惜花而止,患难不能因爱才而止。

【评语】

仙洲云:"晴日则花之发泄太甚,富贵则才之剥削太甚。故花养于轻阴,才醇于微晦。"

【译文】

没有风雨就不知道花的可爱之处,因此风雨是真正爱惜花的;不经历患难就不知道才华的可爱,因此经过患难的人是真正爱惜人才的。风雨不能因为爱惜花而停止,患难不能因为爱惜才华而不来到。

【评语译文】

仙洲说:"天气晴朗的时候花性发泄太狠;富贵对才华剥削得太狠。所以花要在微阴的天气中培养,才华要在微暗的环境中变得更醇厚。"

琴不可不学

琴不可不学,能平才士之骄矜;剑不可不学,能化书生之懦怯。

【评语】

香轮词客云:"中散① 善琴,去不得骄矜二字。"

毕雄伯云:"气静则骄矜自化,何必学琴;气充则懦怯自除,何必学剑。"

【注释】

① 中散:官名。中散大夫的省称。王莽时设立,历代沿袭,参与议论政事,没有固定名额。

【译文】

琴不能不学习,它能平息有才华之人的骄傲;剑不能不学习,它能够解除读书人的怯懦。

【评语译文】

香轮词客说:"中散大夫擅长弹琴,却去不掉骄傲自大的习气。"

毕雄伯说:"如果人的气息平静,那么骄傲自大就会自然消失,就没有必要去学习弹琴;人的气息充溢,那么懦弱就会自然消除,就没有必要去学习击剑。"

此举俱失造化本怀

美味以大嚼尽之,奇境以粗游了之,深情以浅语传之,良辰以酒食度之,富贵以骄奢处之,俱失造化本怀。

【评语】

张企崖云:"黄白以悭吝守之,翻似曲体造化。"

【译文】

鲜美的食物要大口大口地吃掉,离奇的景致要粗略地游览完,深厚的感情要用浅显的语言表达,美好的时辰要用来喝酒吃饭,富贵要骄傲奢侈来对待,这些都有失于大自然的本来用意。

【评语译文】

张企崖说:"吝啬地守护着金银,好像歪曲了本来面目。"

观居身无两全，知处境无两得

楼之收远景者，宜游观不宜居住；室之无重门者，便启闭不便储藏。庭广则爽，冬累于风；树密则幽，夏累于蝉。水近可以涤暑，蚊集中宵；屋小可以御寒，客窘炎午。君子观居身无两全，知处境无两得。

【评语】

少郭云："诚如君言，天下何者为安宅。"

【译文】

在楼上能看到远处风景的，适合游览不适合居住；房间没有厚重的门，便于开启和关闭，不方便储藏。厅堂宽敞就凉爽，冬天却容易遭受风寒；树木茂盛就幽静，夏天却容易遭受蝉鸣。住所离水近夏天利于洗涤，但晚上蚊子却很多；房间很小能够抵御严寒，但炎热的中午客人们却感到为难。品格高尚的人看到住所不能两全齐美，就能够知道人世间不能名利双收。

【评语译文】

少郭说："就像你说的那样，天下哪里有安全的住宅。"

忧时勿纵酒

忧时勿纵酒，怒时勿作札 ①。

【评语】

粟隐师云："非杜康何以解忧。"

【注释】

① 札：信件。

【译文】

忧愁时不能纵情喝酒，愤怒时不能写信。

【评语译文】

粟隐师说："没有杜康怎么能解除忧愁。"

不静坐不知忙之耗神者速

不静坐不知忙之耗神者速，不泛应不知闲之养神者真。

【评语】

钱云在曰："不阅历不知《幽梦续影》之说理者精。"

【译文】

不静坐休养，不知道忙乱能快速耗费人的精神；不广泛地应酬，不知道清闲能保养人的精神。

【评语译文】

钱云在说："没有亲身的经历不会懂得《幽梦续影》所说道理的精妙。"

笔苍者学为古

笔苍者学为古①，笔隽者学为词，笔丽者学为赋，笔肆者学为文。

【评语】

簑舲云："笔高浑者学为诗。"

① 古：当指古文。文体名。原指先秦两汉以来用文言写的散体文，相对六朝骈体而言。后则相对科举应用文体而言。

【译文】

笔力苍劲的人学习写古文，文笔意味深长的人学习写诗词，文笔秀丽的人学习写赋，文笔豪放的人学习写文章。

【评语译文】

簧舲说："文笔高明、浑然天成的人学习写诗。"

长生和长乐

物随息生，故数息①可以致寿；物随气灭，故任气②可以致夭。欲长生只在呼吸求之，欲长乐只在和平求之。

【评语】

澹然翁云："信数息而不信导引，何耶？"

【注释】

① 数息：佛教静修的方法，数鼻息的出入，使心恬静宁一。② 任气：任性，意气用事。

【译文】

物类跟随气息而生存，所以数鼻息的出入能够使人长寿；物类跟随气息的停止而消失，所以意气用事可以致使死亡。想长生只能用鼻息法求取，想长久保持快乐只能心平气和地求取。

【评语译文】

澹然翁说："相信数鼻息的出入却不信导引术，为什么呢？"

雪之妙在能积

雪之妙在能积,云之妙在不留,月之妙在有圆有缺。

【评语】

二如云:"月妙在缺,天下更无恨事。"

香轮云:"山之妙在峰回路转,水之妙在风起波生。"

【译文】

雪美妙的地方是能够积累,云美妙的地方是不停留下来,月亮美妙的地方是有圆满有缺损。

【评语译文】

二如说:"月亮美妙的地方是缺损,天下就没有遗恨的事了。"

香轮说:"山美妙的地方是峰回路转;水美妙的地方是风起波浪翻滚。"

为雪朱栏

为雪朱栏,为花粉墙①,为鸟疏枝,为鱼广池,为素心②开三径③。

【评语】

梅华翁云:"一二句画理,三四句天机,第五句古人风。"

【注释】

①粉墙:涂刷成白色的墙。②素心:本心,素愿。③三径:指家园。

【译文】

为雪修建红色的栏杆,为花涂刷成白色的墙,为鸟儿使枝叶稀疏,为鱼儿扩大池塘,为本心置办家园。

【评语译文】

梅华翁说:"第一、二句说的是绘画的道理,三、四两句说的是自然的奥妙,第五句说的是古代人的风尚。"

筑园必因石

筑园必因石,筑楼必因树,筑榭必因池,筑室必因花。

【评语】

春山云:"园亭之妙,一字尽之,曰借,即因之类耳。"

【译文】

修建园林一定要凭借石头,修建楼房一定要凭借树木,修建榭一定要凭借池塘,修建房屋一定要凭借花。

【评语译文】

春山说:"园林亭台的美妙之处,用一个字就表达出来,即借,就是因为它们是相类似的事物。"

园 艺

梅绕平台,竹藏幽院,柳护朱楼,海棠依阁,木犀匝①庭,牡丹对书斋,藤花蔽绣闼,绣球傍亭,绯桃照池,香草漫山,梧桐覆井,酴醾隐竹屏,秋色倚栏干,百合仰拳石②,秋萝亚曲阶,芭蕉障文窗③,蔷薇窥疏帘,合欢俯锦帏,槎花④媚纱槅⑤。

【评语】

鄂生云:"红杏出墙,黄菊缀篱,紫藤掩桥,素兰藏室,翠竹碍户。"

【注释】

① 匝：环绕。② 拳石：园林假山。③ 文窗：镂刻花纹的窗户。④ 柽（chēng）花：柽柳，落叶小乔木，叶子像鳞片，夏秋两季开花，花淡红色，结蒴果。⑤ 槅（gé）：窗户上的格子。

【译文】

梅花环绕平台，竹子隐藏在幽静的庭院，柳树守护着红色楼房，海棠花依偎着暖阁，木犀花环绕着厅堂，牡丹花对着书房，藤花遮蔽着绣房的门，绣球花依傍着亭子，粉红色的桃花映照着池塘，香草满山，梧桐树遮蔽了井沿，荼蘼隐约地挡住了竹屏，秋天的景色倚靠着栏杆，百合花仰望着园林假山，秋萝盘旋在弯曲的台阶，芭蕉挡着镂刻花纹的窗子，蔷薇窥探着稀疏的窗帘，合欢俯视着艳丽的帏幕，柽花逢迎着有格眼的纱窗。

【评语译文】

鄂生说："红杏伸出墙外，黄菊点缀着篱笆，紫藤掩盖着小桥，素净的兰花藏在室内，青翠的竹子掩盖着门窗。"

遣笔四称

花底填词，香边制曲，醉后作草，狂来放歌，是谓遣笔四称。

【评语】

师白云："月下舞剑，亦一绝也。"

怡云云："绝塞谈兵，空江泛月，亦觉雄旷。"

【译文】

在花下填写诗词，在香烛旁创作曲子，在醉酒后书写草书，在发狂时放声歌唱，这就是用笔的四种说法。

师白说："在月光下舞剑,也是一绝。"

怡云说："在很远的边塞谈论兵法,在空旷的江面乘船赏月,也感到雄浑开阔。"

路之奇者,人不宜深

路之奇者,人不宜深,深则来踪易失;山之奇者,人不宜浅,浅则异境不呈。

【评语】

警甫云:"知此方可陟^①历。"

【注释】

① 陟:登高。

【译文】

道路崎岖不平不适宜进入太深,入深容易迷失来时的踪迹;山脉奇特不适宜进入太浅,浅了奇异的景致就不会呈现。

【评语译文】

警甫说:"知道这些才能去登高游览。"

动中仍须静

木以动折,金以动缺,火以动焚,水以动溺,惟土宜动。然而思虑伤脾,燔^①炙生冷,皆伤胃,则动中仍须静耳。

【评语】

粟隐云:"藏府精微,隔垣洞见。"

幽梦影

【注释】

① 燔(fán)：烧,烤。

【译文】

树木因为晃动而折断,金子因为流动而稀缺,火因为舞动而焚烧,水因为移动而灾患,只有土适宜动。但是思虑过多会伤脾,烧烤生冷的食物都伤胃,那么运动中仍然需要有安静的状态。

【评语译文】

粟隐说:"五脏六腑的细微结构,隔着肚皮就能看到。"

习静觉日长

习静觉日长,逐忙觉日短,读书觉日可惜。

【评语】

桐生云:"客途日长,欢场日短,侍亲日可惜。"

【译文】

习练静坐就会觉得时间很长,忙忙碌碌就会觉得时间很短,用来读书就会觉得时间很值得留恋。

【评语译文】

桐生说:"在旅途中觉得时间很长,在欢乐的场合觉得时间很短,侍奉父母觉得时间很值得留恋。"

少年处不得顺境

少年处不得顺境,老年处不得逆境,中年处不得闲境。

【评语】

涧雨云:"中年闲境,最是无憀①。"

幽梦影

① 憀（liáo）：通"聊"，依赖。

【译文】

少年时不要在顺利的境遇中，老年时不要在困难的境遇中，中年时不要在清闲的境遇中。

【评语译文】

涧雨说："中年时处在清闲的境遇中，最是无聊。"

素食则气不浊

素食则气不浊，独宿则神不浊，默坐则心不浊，读书则口不浊。

【评语】

华潭云："焚香则魂不浊，说士则齿不浊。"

【译文】

吃素食的人呼出的气息不混浊，一个人睡觉神气就不混浊，静坐的人心不混浊，读书的人说出的话不混浊。

【评语译文】

华潭说："燃烧香烛那么灵魂就不混浊，游说的人那么口齿就不混浊。"

八　意

空山瀑走，绝壑松鸣，是有琴意；危楼雁度，孤艇风来，是有笛意；幽涧花落，疏林鸟坠，是有筑①意；画帘波漾，平台月横，是有箫意；清溪絮扑，丛竹雪洒，是有筝意；芭蕉雨粗，莲花漏续，是有鼓意；碧瓯茶沸，绿沼鱼行，是有阮②意；玉虫③妥烛，金莺坐枝，是有歌意。

【评语】

卧梅子云："阮字疑琵琶之误。"

雪蕉云："海棠倚风，粉篁④洒雨，是有舞意。"

【注释】

① 筑：一种乐器。② 阮：乐器名。③ 玉虫：灯花。④ 粉篁：指篁竹。

【译文】

空旷的山谷瀑布飞流，深邃的峡谷松树发出鸣叫声，这种景象最有弹琴的意境；高高的楼顶大雁从上面飞过，孤单的小船迎风驶来，这种景象最有吹笛子的意境；幽深的山涧花朵片片落下，稀疏的山林鸟儿在那里停歇，这种景象最有击筑的意境；绘有图画的帘子外面水波荡漾，安静的平台上空横挂着一轮明月，这种景象最有吹箫的意境；清澈的小溪上飞絮纷纷，丛丛竹林雪花飘舞，这种景象最有弹筝的意境；粗大的雨点打在芭蕉上，水珠像夜漏一样从莲花上滴下，这种景象最有击鼓的意境；碧绿色的瓦罐中茶水翻滚，绿色的池塘中鱼儿游动，这种景象最有弹阮的意境；灯花安坐在灯烛上，黄莺落在树枝上，这种景象最有歌的意境。

【评语译文】

卧梅子说："阮字疑是琵琶的误认。"

雪蕉说："海棠随风而动，篁竹洒落雨滴，这种景象最有舞的意境。"

琴医心

琴医心，花医肝，香医脾，石医肾，泉医肺，剑医胆。

【评语】

蝶隐云："琴味甘平，花辛温，香辛平而燥，石苦寒，泉甘平微寒,剑辛烈有小毒。"

【译文】

琴声可以医治心病,花儿可以医治肝火,香烛可以医治脾虚,石头可以医治肾虚,泉水可以医治肺痨,剑可以医治胆怯。

【评语译文】

蝶隐说:"琴的味道甘凉平和,花的味道辣又温和,香的味道辣而平和又干燥,石头的味道苦涩又性寒,泉水的味道甘凉平和微寒,剑的味道辛辣强烈有些微毒。"

盲

对酒不能歌,盲于口;登高不能赋,盲于笔;古碑不能橅[①],盲于手;名山水不能游,盲于足;奇才不能交,盲于胸;庸众不能容,盲于腹;危词不能受,盲于耳心[②];香不能嗅,盲于鼻。

【评语】

伯寅云:"由此观之,不盲者鲜矣。"

【注释】

① 橅(mó):即模。照原件描画,临摹。② 心:疑为赘字。

【译文】

面对美酒不能唱歌是口盲,登高不能赋诗是笔盲,面对古代碑刻不能模仿是手盲,名山大川不能游览是足盲,遇到奇特的人才不能结交是胸盲,面对众多庸俗的人不能容忍是腹盲,尖酸刻薄的话不能听是耳盲,香味不能闻是鼻盲。

【评语译文】

伯寅说:"这样看来,不盲的人就很少了。"

静与忙

静一分慧一分；忙一分愦[1]一分。

【评语】

憩云居士曰："静中参动是大般若[2]；忙里偷闲是三菩提[3]。"

【注释】

①愦(kuì)：糊涂，昏乱。②般若：梵语。犹言智慧，或曰脱离妄想，归于清静。③菩提：梵语。意译"觉""智""道"等。佛教中指豁然彻悟的境界，又指觉悟的智慧和觉悟的途径。

【译文】

安静一分多一分智慧；忙乱一分大脑糊涂一分。

【评语译文】

憩云居士说："在静中领悟动的趋势是大智慧；在忙碌中赢得闲暇是豁然彻悟的境界。"

感逝酸鼻

感逝酸鼻，感恩酸心，感情酸手足。

【评语】

无隐生曰："有友患手足酸麻，医不能立方，惜未以《幽梦续影》示之也。"

【译文】

感叹时光飞逝令人鼻头发酸，感激别人的恩情令人心里发酸，感叹诚挚的情谊令手足发酸。

【评语译文】

无隐生说:"有朋友得了手脚酸麻的症状,医治得不到有效的药方时,可惜没有把《幽梦续影》拿出来让他观看啊。"

水 仙

水仙以玛瑙为根,翡翠为叶,白玉为花,琥珀为心。而又以西子①为色,以合德②为香,以飞燕③为态,以宓妃④为名。花中无第二品矣。

【评语】

退省先生云:"莫清于水,莫灵于仙,此花可谓名称其实。"

梅花翁云:"虽谓陈思⑤一赋,为此花写照,犹恐唐突。"

【注释】

① 西子:西施,春秋越国芋萝人。中国古代四大美女之一。② 合德:汉代美女,赵飞燕之妹。相传其肤滑体香,性纯粹,善音辞。③ 飞燕:赵飞燕,汉成帝的皇后,以体态轻盈闻名。④ 宓妃:传说中洛水女神的名字。⑤ 陈思:曹植,字子建,曹操第三子。被封为陈王,谥曰思,称陈思王。

【译文】

水仙把玛瑙当成根,把翡翠当成叶子,把白玉石当成花,把琥珀当成心。而且又凭借西施为美色,凭借赵合德为香味,凭借赵飞燕为姿态,凭借洛水女神为名字。在花中是独一无二的品种了。

【评语译文】

退省先生说:"没有比水更清的,没有比水仙更灵秀的,这样的花可以说是名副其实。"

梅花翁说:"虽然说曹植写了一篇赋,给水仙花写照,但还怕冒犯了它。"

小园玩景,各有所宜

小园玩景,各有所宜。风宜环松杰阁,雨宜俯涧轩窗,月宜临水平台,雪宜半山楼槛,花宜曲廊洞房,烟宜绕竹孤亭,初日宜峰顶飞楼,晚霞宜池边小彴[1]。雷者,天之盛怒,宜危坐佛龛;雾者,天之肃气,宜屏居邃阒。

【评语】

云在曰:"是十幅界画[2]画。"

二如曰:"雷景鲜有能玩之者。"

【注释】

①彴(zhuó):独木桥。②界画:以宫殿楼台等为主要题材的传统画,因作画时用界尺作线,因此称为界画。

【译文】

小的园林中游玩的景致,各自应当相互适宜。风适宜环绕松树高阁,雨适宜俯瞰山涧和窗户,月亮适宜照临水平台,雪适宜半山腰中的亭台栏杆,花适宜弯曲的长廊和卧室,烟云适宜环绕竹林和单独的亭子,初升的太阳适宜山顶的高楼,晚霞适宜池边的独木桥。雷声,是老天在大怒,适宜端坐佛龛;雾气,是天的肃杀之气,适宜隐居在幽深的房舍。

【评语译文】

云在说:"这是十幅以宫殿楼台等为主要题材的传统画。"

二如说:"雷景很少有可以游玩的。"

富贵作牢骚语

富贵作牢骚语,其人必有隐忧;贫贱作意气语,其人必有异能。

梅亭云:"意气最害事,贫贱时有之,即他日骄侈之根。"

【译文】

富有高贵的人却说牢骚话,这个人肯定有隐藏的忧愁;贫困低贱的人却说有志气的话,这个人肯定有特殊的才能。

【评语译文】

梅亭说:"意气用事最容易坏事,贫困低贱时常有,就是以后骄横奢侈的根源。"

天与人之善顺、善逆物理

高柳宜蝉,低花宜蝶,曲径宜竹,浅滩宜芦,此天与人之善顺物理,而不忍颠倒之者也。胜境属僧,奇境属商,别院属美人,穷途属名士,此天与人之善逆物理,而必欲颠倒之者也。

【评语】

忏绮生云:"庭树宜月。"

蝶缘云:"非颠倒则造化不奇。"

【译文】

高大的柳树适宜藏蝉,低矮的花丛适宜蝴蝶飞舞,弯曲的小径适宜栽种竹子,浅浅的沙滩适宜芦苇的生长,这是天和人相顺的事物的常理,是不忍心颠倒的。风景优美的境地属于僧人,奇异罕见的境地属于商人,主宅外的屋舍属于美人,穷途末路属于名士,这是天和人相悖的事物的常理,是一定要颠倒的。

幽梦影

忏绮生说："庭院里的树适宜月亮。"

蝶缘说："没有颠倒天地变化就不奇妙了。"

名山镇俗

名山镇俗,止水^①涤妄,僧舍避烦,莲花证趣。

【评语】

莲衣云："坐莲舫中,遂使四美^②具。"

少郭云："余每过莲舫,见其舆盖阗塞,未知能避烦否也。"

稚兰云："为下一转语曰:老僧于此避烦。"

【注释】

① 止水:静止不流的水。"止水澄清,可以照鉴。"后用以比喻心境平和安宁,胸怀纯洁。② 四美:指良辰、美景、赏心、乐事。

【译文】

有名的大山能震慑俗气,静止不流的水能洗涤荒诞的想法,和尚居住的房舍能躲避烦忧,莲花能证明趣味。

【评语译文】

莲衣说："坐在莲花游船中,于是使良辰、美景、赏心、乐事,四美同时都有了。"

少郭说："我每次经过莲花游船,看见那里车子的篷盖填塞,不知能不能躲避烦忧啊。"

稚兰说："我来作下一句转注的话:老和尚在这里躲避烦忧。"

民情要按民实求,拘不得成法

星象^①要按星实测,拘不得成图;河道要按河实浚,拘不得成说；民情要按民实求,拘不得成法；药性要按药实咀,拘不得成方。

【评语】

退省子云:"隐然赅天地人物。"

【注释】

① 星象:指星体明、暗、薄、蚀等现象,古代天文术数家据此占验人事的吉凶。

【译文】

星体的明、暗、薄、蚀等现象应当按照星体的实际情况去测定,不能拘泥现成的图形；河道应当按照河流的实际情况去疏通,不能拘泥现成的说法；民众的情况应当按照民众的实际状况去求取,不能拘泥既定的法规；药的性能应当按照药物的实际情况去品味,不能拘泥前人现成的药方。

【评语译文】

退省子说:"俨然包括了天地的所有人物。"

笑

奇山大水,笑之境也；霜晨月夕,笑之时也；浊酒清琴,笑之资也；闲僧侠客,笑之侣也；抑郁磊落,笑之胸也；长歌中令,笑之宣也；鹘①叫猿啼,笑之和也；棕鞋桐帽,笑之人也。

【评语】

玉泜生云:"可作一则笑谱读。"

【注释】

① 鹘(gǔ):鹘鸼(zhōu),古书上记载的一种鸟,青黑色的羽毛,短

尾巴。

奇特的山脉河水是笑的境地；有霜露的早晨和有月亮的夜晚是笑的时候；混浊的酒和清悠的琴声是笑的资本；清闲的僧人和仗义的侠客是笑的伴侣；洒脱不羁和光明磊落是笑的胸襟；放声高歌是笑的宣泄；鹍鹕鸟的叫声和猿的啼鸣，是笑的唱和；穿着棕毛鞋，戴着梧桐帽，是可笑的人。

【评语译文】

玉泾生说："可以当成一篇笑谱来看。"

医花十剂

医花十剂：雍①以补之，水以润之，露以和之，摘以宣之，火以泄之，日以涩之，雨以滑之，风以燥之，祛蠹以养之，纱笼纸帐以护之。

【评语】

梅花翁云："瓶供钗簪，非惜花者也。"

小清闷阁主人云："石以镇之，香以表之。"

【注释】

① 雍：把土或肥料培在植物根部。

【译文】

医治花有十种药方：把土或肥料培在它的根部补充养料，用水滋润它，用露水温和它，摘下多余的枝叶使它疏通，用火使它发散，用阳光使它发涩，用雨水使它润滑，用风使它干燥，除去害虫用来保养它，用纱笼罩和纸幔帐来保护它。

梅花翁说:"用瓶子供养和插戴在头发上,不是怜惜花的人。"

小清闷阁主人说:"用石头安定它,用香味发散它。"

果与叶之艳于花者

樱桃以红胜,金柑以黄胜,梅子以翠胜,葡萄以紫胜,此果之艳于花者也。银杏之黄,乌桕①之红,古柏之苍,筤筜②之绿,此叶之艳于花者也。

【评语】

亨帚生六:"果之妙至荔枝而极,枝之妙至杨柳而极,叶之妙至贝多③而极,花之妙至兰蕙而极。枝叶并妙者,莫如松柏;花叶并妙者,莫如水仙;花果并妙者,莫如梅花;叶茎果无一不妙者,莫如莲。"

【注释】

①乌桕(jiù):落叶乔木,叶子互生,略呈菱形,秋天变红。②筤(láng)筜:幼竹。③贝多:树名。梵文的音译。叶可以裁为梵夹,可以写经文。

【译文】

樱桃由于红而被称赞,金柑由于黄而被称赞,梅子由于翠而被称赞,葡萄由于紫而被称赞,这些果实要比花鲜艳。银杏的黄,乌桕的红,古柏的苍翠,幼竹的嫩绿,这些叶子要比花鲜艳。

【评语译文】

亨帚生说:"果实最好的当属荔枝,枝条最好的当属杨柳,叶子最好的当属贝多树,花最好的当属兰蕙。枝条和叶子都很美的当属松柏;花和叶子都很美的当属水仙,花和果实都很美的当属梅花,叶子、茎、果实没有一处不美的当属莲花。"

脂粉长丑

脂粉长丑,锦绣长俗,金珠长悍。

【评语】

香祖云:"与富而丑,宁贫而美;与美而俗,宁丑而才;与才而悍,宁俗而淑。"

【译文】

胭脂水粉助长丑陋,锦缎彩绣助长庸俗,金银珠玉助长凶悍。

【评语译文】

香祖说:"与其富有貌丑,不如贫穷漂亮;与其美丽庸俗,不如丑陋有才华;与其有才华而凶悍,不如俗气而贤淑。"

绿

雨生绿萌,风生绿情,露生绿精。

【评语】

省缘云:"烟生绿魂,月生绿神。"

竹侬云:"香生绿心。"

【译文】

雨能够滋养绿的萌芽,风能够滋生绿的情意,露水能够滋生绿的精神。

幽梦影

163

省缘说:"烟云能够滋生绿的魂灵,月亮能够滋生绿的神气。"

竹侬说:"芳香能够滋生绿的心意。"

树

村树宜诗,山树宜画,园树宜词。

【评语】

云在曰:"密树宜风,古树宜雪,远树宜云。"

【译文】

乡村的树木适宜作诗,山林的树木适宜作画,园林的树木适宜作词。

【评语译文】

云在说:"浓密的树木适宜风,古老的树木适宜雪,远处的树木适宜云。"

抟土成金无不满之欲

抟土成金无不满之欲,画笔成人无不偿之愿,缩地成胜无不扩之胸,感香成梦无不证之因。

【评语】

冶水云:"炼香为心无不艳之笔。"

【译文】

抟弄土块变成金子没有不满的欲望,画一笔变成人就没有不能偿还的愿望,缩短距离成美丽景致就没有不开阔的胸襟,焚香感应成梦就没有不能印证的因缘。

冶水说："炼制香料成为心就没有不艳丽的文笔。"

情

鸟宣情声,花写情态,香传情韵,山水开情窟,天地辟情源。

【评语】

月舟云："雨濯情苗,月生情蒂。"

萝月主人云："灯证情禅。"

忏绮生云："诗孕情因,画契情缘,琴圆情趣。"

【译文】

小鸟宣泄情感的声音,花儿抒写情感的态度,芳香传播情感的韵味,山水开掘出情感的洞穴,天地开辟情感的源泉。

【评语译文】

月舟说："雨水洗涤情感的小苗,月亮生出情感的花蒂。"

萝月主人说："灯火印证情感的禅缘。"

忏绮生说："诗孕育情感的成因,画契合情感的缘分,琴圆了情感的趣味。"

将营精舍先种梅

将营精舍先种梅;将起画楼先种柳。

【评语】

箬溪云："将架曲廊先种竹;将辟水窗先种莲。"

将要修建精美的房子要先种梅树,将要修建绘画的楼阁要先种柳树。

【评语译文】

箬溪说:"将要架起弯曲的长廊要先种竹子,将要开通临水池的窗户要先种莲花。"

词章满壁,所嗜不同

词章满壁,所嗜不同;花卉满圃,所指不同;粉黛满座,所视不同。

【评语】

莲生云:"江湖满地,所寄不同。"

【译文】

诗词文章挂满墙壁,对它们的欣赏水平不同;各种花朵开满园子,对它们的喜欢不同;漂亮的女子坐满席位,对她们的看待不同。

【评语译文】

莲生说:"大地上满是江河湖泊,对它们的寄托不同。"

爱则知可憎

爱则知可憎,憎则知可怜。

【评语】

紫蕙云:"怜则知可节取。"

【译文】

懂爱的人才知道什么值得憎恨，懂恨的人才知道什么值得怜悯。

【评语译文】

紫蕙说："懂怜悯的人才知道什么能够有节制地获取。"

云何享福，读书是

云何出尘，闭户是；云何享福，读书是。

【评语】

澧荪云："闭户读书，尘中无此福也。"

【译文】

有人说什么是脱离尘世，那就是闭门不出；有人说什么是享福，那就是读书。

【评语译文】

澧荪说："闭门读书，尘世间没有这种福气啊。"

厚施与即是备急难

厚施与即是备急难，俭婚嫁自然无怨旷，教节省胜于裕留贻。

【评语】

印青居士云："施与也要观人，婚嫁也要称家。"

【译文】

平时对人丰厚的施舍，就是为危难时刻做准备；节俭婚查嫁娶，自然不会有怨恨；教导节省持家胜过由于富裕留下祸患。

幽梦影

167

印青居士说:"施舍给予也要看是什么样的人,节俭婚嫁也要能满足家用。"

利字从禾,利莫甚于禾

利字从禾,利莫甚于禾;劝勤耕也从刀,害莫甚于刀,戒贪得也。

【评语】

春山云:"酒从水,言易溺也;从酉,酉属金,亦是兵象。"

【译文】

利字从禾,禾是庄稼的意思,获利没有超过种庄稼的;劝勤耕也从刀,有害的没有超过刀的,戒除贪婪就可以避免。

【评语译文】

春山说:"酒从水,就是说容易淹溺;从酉,酉属金,金为兵器,也是战争的迹象。"

乍得勿与

乍得勿与,乍失勿取,乍怒勿责,乍喜勿诺。

【评语】

戒定生云:"乍责勿任,乍诺勿疑。"

【译文】

刚刚得到的东西不要给予别人,刚刚失去的东西不要急着索取回来,刚刚发怒不要指责他人,刚刚高兴不要急于承诺。

幽梦影

戒定生说:"刚刚指责不能任用,刚刚承诺不能怀疑。"

接人不可猝然改容,持己不可偶尔改度

素深沉,一事坦率便能贻误;素和平,一事愤激便足取祸。故接人不可以猝然改容,持己不可以偶尔改度。

【评语】

无碍云:"深沉人要光明,和平人要严肃。"

【译文】

平素沉稳冷静,一件事做得很草率就会犯错;平素和顺平静,一件事做得愤怒激动就足以招来祸患。因此对待别人不可以突然改变面貌,自律不可以偶尔改变态度。

【评语译文】

无碍说:"沉稳冷静的人要光明正大;和顺平静的人要严肃。"

孤洁以骇俗,不如和平以谐俗

孤洁以骇俗,不如和平以谐俗;啸傲^①以玩世,不如恭敬以陶世;高峻以拒物,不如宽厚以容物。

【评语】

心逸云:"能和平方许孤洁,能恭敬方许啸傲,能宽厚方许高峻。"

【注释】

① 啸傲:指逍遥自在,不拘礼法(多指隐士生活)。

幽梦影

【译文】

孤傲纯洁以致震惊世俗，不如和顺平静和世俗和谐相处；逍遥自在致使玩世不恭，不如态度恭敬地熏陶世间；高傲冷峻地拒绝各种事物，不如宽厚地容纳万物。

【评语译文】

心逸说："能够做到和顺平静才允许孤傲高洁，能够做到恭敬有礼才允许逍遥自在，能够做到宽厚仁德才允许高傲冷峻。"

冬室密宜焚香

冬室密宜焚香，夏室敞宜垂帘。焚香宜供梅，垂帘宜供兰。

【评语】

证泪生云："焚香供梅宜读陶诗，垂帘供兰宜读楚些①。"

【注释】

① 楚些（suò）：《楚辞·招魂》句尾皆有"些"字，是楚国人习惯用的语气词。后因以泛指楚地的乐调或《楚辞》。

【译文】

冬天房屋严密适宜点燃香烛，夏天房屋敞开适宜垂下帘子。焚燃香烛适宜养梅花，垂下帘子适宜养兰花。

【评语译文】

证泪生说："焚燃香烛养梅花应当读陶渊明的诗，垂下帘子养兰花应当读《楚辞》。"

蓄 养

楼无重檐则蓄婴武①，池无杂影则蓄鹭鸶。园有山始蓄鹿，水有藻始蓄鱼。蓄鹤则临沼围阑,蓄燕则沿梁承板,蓄狸奴②则墩必装褥,蓄玉猧③则户必垂花。微波菡萏④多蓄彩鸳,浅渚菰⑤蒲⑥多蓄文蛤⑦。蓄雉⑧则镜悬不障,蓄兔则草长不除。得美人始蓄画眉,得侠客始蓄骏马。

【评语】

梅耀云:"有曲廊洞房、药炉茶臼,始蓄丽姝;有名花美酒、象板凤笙⑨,始蓄歌伎。"

【注释】

①婴武:即鹦鹉。②狸奴:猫的别称。③猧:犬。④菡萏:荷花。⑤菰(gū):多年生草本植物,在池沼里生长,花单性,紫红色。嫩茎可做蔬菜,叫茭白。⑥蒲:香蒲。⑦文蛤:软体动物,在沿海泥沙中生活,以硅藻为食物。通称蛤蜊。⑧雉:通称野鸡,羽毛美丽。⑨凤笙:汉代应劭《风俗通·声音笙》:"《世本》:'随作笙。'长四寸,十二簧,像凤之身,正月之音也。"因称凤笙。

【译文】

楼房没有重檐就养鹦鹉,池塘中没有繁杂的倒影就养鹭鸶。园林中有山才能开始养鹿,池塘中有水藻才能开始养鱼。养鹤一定要靠近池沼围上栏杆,养燕子一定要沿着屋梁架木板,养猫那么木墩上一定要装上褥子,养白色的狗那么门户上一定要垂花。微波荡漾荷花摇曳适宜多养彩色的鸳鸯,浅浅的小沙洲上长满菰蒲适宜多养蛤蜊。养野鸡那么镜子悬挂着并不妨碍它们,养兔子那么草长了也不用除掉。得到美人才开始蓄养画眉,有了仗义的侠士才开始蓄养骏马。

【评语译文】

梅耀说:"有了弯曲的长廊、幽深的卧室、熬药的炉子和茶臼,才开始蓄养美人;有了名花美酒、象板凤笙,才开始蓄养歌姬。"

任气语少一句

任气语少一句,任足路让一步,任笔文检一番。

【评语】

问渔云:"少一句气恬,让一步路宽,检一番文完。"

【译文】

任性赌气的话少说一句,任意行走的路途忍让一步,任意挥洒的文章约束一次。

【评语译文】

问渔说:"气话少说一句胸中气息会恬静,凡事忍让一步道路会更宽阔,写文章时约束一次,文章就更加完美了。"

以任怨为报德则真切

以任怨为报德则真切,以罪己为劝人则沉痛。

【评语】

华山词客云:"任怨忌有德色^①,罪己不作劝词。"

【注释】

① 德色:自认为有恩于人而形于颜色。

【译文】

用任劳任怨回报恩德会让人觉得真诚恳切;用责怪自己去劝慰别人会让人觉得很沉痛。

【评语译文】

华山词客说:"任劳任怨回报别人时忌讳自以为有恩于人而喜形于色,责怪自己不能作为劝慰别人的话。"

偏是市侩喜通文

偏是市侩喜通文,偏是俗吏喜勒碑,偏是恶妪喜诵佛,偏是书生喜谈兵。

【评语】

信甫云:"偏是枯僧喜见女色。"

子镜云:"偏是贫士喜挥霍。"

【译文】

偏偏是市侩小人却喜好文章,偏偏是庸俗的官吏却喜好碑刻题词,偏偏是凶恶的老太婆却喜好吃斋念佛,偏偏是读书人却喜好谈论兵法。

【评语译文】

信甫说:"偏偏是老和尚却喜好见美女。"

子镜说:"偏偏是穷人却喜好挥霍。"

侠士勿轻结,美人勿轻盟

侠士勿轻结,美人勿轻盟,恐其轻为我死也。

【评语】

心白云:"猛将勿轻谒,豪贵勿轻依,恐其轻任我以死也。"

【译文】

不要轻易和侠义的人相结交,不要轻易和美人相盟誓,担心他们轻率地为我而死。

【评语译文】

心白说："不要轻易拜访勇猛的将士，不要轻易依靠豪门贵族，担心他们轻率地让我去死啊。"

宁受嘑蹴之惠

宁受嘑蹴①之惠，勿受敬礼之恩。

【评语】

问渔云："嘑蹴不报而亦安，敬礼虽报而犹歉。"

【注释】

① 嘑（hū）蹴（cù）：嘑，同呼，喊叫；蹴，踢，踏。

【译文】

宁可接受呼喊踢打中给予的好处，不能接受敬重礼貌的恩惠。

【评语译文】

问渔说："在呼喊踢打中给予的好处没有回报心中也很坦然，敬重礼貌的恩惠虽然有所回报仍感到欠缺。"

贫贱时少一攀援，他日少一掣肘

贫贱时少一攀援，他日少一掣肘；患难时少一请乞，他日少一疚心。

【评语】

仙洲云："富贵时少一威福，他日少一后悔。"

在贫困低贱的时候少向一个人求援帮忙，日后就少一个干扰自己的人；在遇到困难的时候少向一个人乞求，日后心中就会少一点内疚。

【评语译文】

仙洲说："在富贵的时候少一点作威作福，日后就会少一点后悔。"

舞弊之人能防弊

舞弊之人能防弊，谋利之人能兴利。

【评语】

沈箬溪云："利无小弊，虽兴不广；弊有小利，虽除不尽。"

【译文】

会作弊的人就能防止作弊，能谋取利益的人就能做有利的事。

【评语译文】

沈箬溪说："有利而没有小的弊端，虽然兴盛却不广泛；弊虽然有很少的好处，却铲除不尽。"

善诈者借我疑

善诈者借我疑，善欺者借我察。

【评语】

安航云："故疑召诈，察召欺。"

【译文】

善于奸诈的人凭借我的多疑来使诈，善于欺骗的人凭借我的观察来行骗。

幽梦影

安航说："因此多疑的人容易招致奸诈,喜欢观察的人容易招致欺骗。"

过施弗谢

过施弗谢,自反必太倨;过求勿怒,自反必太卑。

【评语】

梁叔云："自反非倨,彼其人必系畸士;自反非卑,彼其人必为重臣。"

【译文】

过多的施舍却没有感谢,自己反省自己一定是太高傲自大了;过分地请求却没有发怒,自己反省自己一定是太卑微低贱了。

【评语译文】

梁叔说："自己反省自己不是太高傲自大了,那么这个人一定是不正常的人;自己反省自己不是太卑微低贱了,那么这个人一定是身居重要职位的大臣。"

英雄割爱

英雄割爱,奸雄割恩。

【评语】

兰舟云："爱根不断,终为儿女累。"

【译文】

英雄能够割舍自己心爱的人和物,奸雄能够割舍他人的恩情。

幽梦影

兰舟说:"爱的根源不断,最终肯定会被儿女情长所累。"

天地自然之利

天地自然之利,私之则争;天地自然之害,治之无益。

【评语】

箬溪钓师云:"因所欲而与之,其利溥^①矣;若其性而导之,其功伟矣。"

【注释】

① 溥(pǔ):广大。

【译文】

天地间大自然中的好处,私人占有了它就会引起纷争;天地间大自然中的灾害,治理它也没有益处。

【评语译文】

箬溪钓师说:"因为想得到就给予,这种利很广大啊;如果根据它的性质规律去治理它,这种功劳很伟大啊。"

汉魏诗像春

汉魏诗像春,唐诗像夏,宋元诗像秋,有明诗像冬,包含四时,生化万物,其国初诸老^①之诗乎?

【评语】

薏侬云:"六朝诗像残春,晚唐诗像残暑。"

①诸老:指清朝初期的诗人,黄宗羲、顾炎武、王夫之、钱谦益、吴伟业等。

【译文】

汉魏时期的诗像春天一样生机勃勃,唐代的诗像夏天一样热情奔放,宋元时期的诗像秋天一样冷静肃杀,明代的诗像冬天一样冰冷严寒,它们包含一年四季,生息繁育万物,那么清朝初期诗人作的诗又像什么呢?

【评语译文】

蕙侬说:"六朝的诗像暮春失去了生机活力,晚唐的诗像夏末没有了开朗活泼。"

鬼谷子方可游说

鬼谷子①方可游说,庄子方可诙谐,屈子方可牢愁②,董子③方可议论。

【评语】

玉洤云:"留侯④方可持筹⑤,淮阴⑥方可推毂⑦。"

无碍云:"老子是兵家之祖,鬼谷是法家之祖,庄子是词章家之祖。"

【注释】

①鬼谷子:楚人,籍贯姓氏不详,因其所居号称鬼谷子或鬼谷先生。战国时纵横家之祖,相传为苏秦、张仪的老师。②牢愁:指忧郁不平。③董子:董仲舒,广川(今河北枣强)人。西汉哲学家。提出"罢黜百家,独尊儒术"。著有《春秋繁露》等。④留侯:张良,字子房,相传为城父(今

河南宝丰东)人,汉初大臣,封留侯。⑤持筹:谋划。⑥淮阴:韩信,秦末淮阴(今江苏淮阴西南)人。汉初军事家。与萧何、张良称为汉兴三杰。⑦推毂:比喻助人事成,或推荐人才。

【译文】

只有鬼谷子才能够游说,只有庄子才能够诙谐,只有屈原才能够忧郁不平,只有董仲舒才能够发表议论。

【评语译文】

玉洤说:"只有张良才能够谋划,只有韩信才能够助人事成。"

无碍说:"老子是兵家的创始人,鬼谷子是法家的创始人,庄子是词章家的创始人。"

唐人之诗多类名花

唐人之诗多类名花。少陵似春兰,幽芳独秀;摩诘似秋菊,冷艳独高;青莲①似绿萼梅,仙风驼荡;玉谿②似红萼梅,绮思姬娟③;韦柳似海红④,古媚在骨;沈宋⑤似紫薇,矜贵有情;昌黎似丹桂,天葩洒落;香山似芙蕖,慧相清奇;冬郎⑥似铁梗垂丝;阆仙似檀心磬口⑦;长吉似优钵昙⑧,彩云拥护;飞卿⑨似曼陀罗,璃月⑩玲珑。

【评语】

啸琴云:"微之⑪似水外绯桃,牧之⑫似雨中红杏。"

【注释】

①青莲:李白,自称青莲居士。②玉谿:李商隐,字义山,唐怀州河内人,号玉谿生。唐代诗人。③姬(pián)娟:美好的容貌。④韦柳:韦,韦应物,唐京兆人。品性高洁,诗如其人。柳,柳宗元,字子厚,唐河东人。唐宋八大家之一,古文运动倡导者。著有《柳河东集》。海红:山茶

幽梦影

花。⑤沈宋：沈，沈佺期，字云卿，唐相州内黄人。工诗。宋，宋之问，字延清，一名少莲，唐虢州弘农人。沈佺期与宋之问齐名，时称沈宋。⑥冬郎：韩偓，字致尧，小字冬郎，自号玉山樵人，唐京兆万年人。以香奁体诗著称的唐诗人。⑦阆仙：贾岛，字阆仙，一作浪仙，唐范阳(今河北省涿州)人。著有《长江集》。檀心：浅红色的花蕊。磬口：磬口梅，腊梅品种之一。⑧长吉：李贺，字长吉，今河南宜阳人。诗险峻，想象丰富。优钵昙：应为优昙钵。无花果树的一种。梵语，意译为瑞应，或作祥瑞花。⑨飞卿：温庭筠，本名岐，字飞卿，太原祁(今山西祁县)人。唐代诗人。⑩璚（qióng）月：洁白如玉的月亮。璚，同琼。美玉，泛指精致美妙的东西。⑪微之：元稹，字微之，唐河南(今河南洛阳附近)人。与白居易共同提倡新乐府，两人并称元白，诗称元和体。著有《元氏长庆集》100卷，传奇《会真记》。⑫牧之：杜牧，字牧之，京兆万年人。诗长于近体，英发俊爽，人称"小杜"。有《樊川集》。

【译文】

唐朝人的诗很多都类似名花。杜甫的诗像春兰，幽雅芬芳一枝独秀；王维的诗像秋菊，冷艳高贵；李白的诗像绿萼梅花，仙风荡漾；李商隐的诗像红萼梅花，构思美妙；韦应物和柳宗元的诗像山茶花，骨子里散发着古诗的气息；沈佺期和宋之问的诗像紫薇，矜持高贵情感丰富；韩愈的诗像丹桂，如天花散落；白居易的诗像荷花，聪慧清雅奇特；韩愈的诗像贴梗海棠；贾岛的诗像浅红色花蕊的腊梅；李贺的诗像祥瑞花；温庭筠的诗像是曼陀罗，像洁白如玉的月亮般玲珑。

【评语译文】

啸琴说："元稹的诗像水边粉红色的桃花，杜牧的诗像雨中红色的杏花。"